KB195672

우리 아이가 처음 학교에 갑니다

21년 차 현직 교사가 알려주는 현실적인 초등 입학 준비

우리 아이가
처음 학교에 갑니다

김선 지음

포레스트북스

✎ <u>프롤로그</u>

1학년은
학교 생활의 본질입니다

코로나19로 인해 마비되었던 학교 교육 현장이 3년 만에 정상화 되었습니다. 비대면으로 진행되느라 그동안 하지 못했던 교육 활동을 전면 재개한 것이지요. 현재 초등학교 5학년이 된 아이들은 코로나19의 여파로 초등학교 1학년 시기를 제대로 적응하지 못한 채 보냈습니다. 기초 교육을 제대로 받지 못했을뿐더러 학교 생활에 대한 경험과 정보가 부족해 학교 운영이 정상화된 이후에도 많은 어려움을 겪었지요. 어느새 훌쩍 커버린 아이들을 보면서 저를 비롯해 많은 선생님들은 안타까운 마음을 갖습니다. 그리고 다시금 1학년 생활의 중요성을 실감하고는 합니다.

초등학교 1학년은 학교 생활의 본질입니다. 초등 6년을 잘 마치고 중고등학교로 이어지는 긴 학교 생활을 원만히 해나가려면 학교라는 곳이 가지는 교육의 본질을 잘 이해해야 합니다. 학교가 왜 존재하는지, 학교는 처음 입학하는 아이에게 어떤 교육을 시키고자 하는지, 어떻게 사회화 과정을 거치며 6학년까지 무리 없이 생활하고 빛나는 졸업장을 손에 들 수 있는지를 기억해야 합니다. 그걸 이해하면 아이도 부모도 학교 적응이 수월하게 느껴질 수 있습니다. 그러나 대부분의 부모님들이 학교 교육의 본질을 이해하는 건 쉽지 않습니다. 졸업한 지 30년 만에 다시 온 학교는 너무나 낯설고 모르는 것투성인 데다가 여기저기서 쏟아져 나오는 입학 관련 자료들, 지인들의 걱정 어린 조언들, 각종 사교육업체들의 자극적인 홍보는 불안을 더욱더 자극합니다. 남이 좋다는 것을 쫓아다니다가 정작 학교라는 가장 중요한 '본질 교육'을 놓치게 되는 경우가 허다하지요.

학교보다 학원 숙제를 더 오래 하고 있고, 학교 친구보다 학원 친구와 더 오랜 시간 보내고 학교 선생님보다 학원 선생님이 더 좋으면 아이의 마음은 어디로 향해 있을까요? 우선순위 밖으로 밀려난 학교 생활에서 아이는 무엇을 보고 배울까요?

학교는 학부모님께서 정보를 알기 위해 가장 공을 들여야 하는 곳입니다. 가장 많이 마음과 시간을 할애해야 하는 곳입니다. 학교의 루틴을 이해하고 해당 시기별로 중요한 게 무엇인지를 알고 있으면 초등학교 시절은 물론이고 이후 자녀 교육의 중심을 잡는 데도 흔들리지 않을 수 있습니다.

이 책은 17만 명의 학부모님들이 모여 있는 국내 최대의 초등맘 커뮤니티 '초등맘' 카페의 공식 지정 도서로 지난 21년간 교사로서 본질 교육에 충실해 아이들을 지도한 경험과 그로부터 얻은 본질 교육의 효과 그리고 중요성을 강조함으로써 아이의 입학을 앞두고 있는 학부모님들에게 좀 더 실질적인 답을 주고자 한 결과물입니다. 초등학교 입학을 앞둔 학부모들이 가장 궁금해하는 한글 학습, 식습관 개선, 배변 교육 등을 비롯해 부모 세대와는 전혀 다른 1학년 교과 과정도 충실히 담았습니다. 더불어 아이에게 휴대폰을 사주는 게 좋은지, 학교 엄마들과는 어떤 관계를 유지해야 하는지, 맞벌이 부부들은 시간 활용을 어떻게 해야 할지 등 학부모들의 현실적인 고민에 대한 이야기도 신중히 나눠볼까 합니다.

저 역시 두 아이를 키우는 엄마로 학부모님들이 아이를 처음 학교에 보내면서 겪는 불안과 고민을 잘 이해하고 있습니다. 그래서 아무리 사소한 내용이라 할지라도 학부모님의 입장에서, 최대한 자세하고 세심하게 설명하려고 노력했습니다.

세상 속으로 첫걸음을 떼는 아이들의 입학을 축하하며 부디 이 책을 통해 우리 아이들이 학교라는 울타리 안에서 조금 더 자유롭고 행복하게 커나가기를 바랍니다.

초등생활 디자이너 김선

Chapter 4

교과서 밖 우리 아이 성장하기

Chapter 1

입학 전까지 하면 좋은

본질 교육

식습관 교육

　1학년 아이들에게 학교에서 가장 즐거운 시간이 언제냐고 물어보면 대부분이 점심 시간을 꼽습니다. 음식이 맛있어서, 친구들과 밥을 먹고 나서 즐겁게 놀 수 있어서, 신기한 반찬이 나와서 등 이유는 제각각이지만 점심 시간은 아이들이 학교에 수월하게 적응할 수 있도록 돕는 중요한 시간임이 분명합니다.

　유치원과 어린이집, 가정에서 자유롭게 식사를 하던 아이들은 학교에 입학과 동시에 식습관 때문에 어려움을 겪는 경우가 꽤 많은데요. 학교 적응에 있어서 식사가 아주 큰 부분을 차지하고 있는 만큼 입학 전 식습관을 바르게 잡아주는 게 매우 중요합니다.

　저희 반에는 이른바 입이 짧아도 너무 짧은 호진이가 있었습니다. 또래보다 현저하게 작은 키와 몸집 때문에 다른 아이들과 부딪힐까 봐 걱정이 될 정도였습니다. 입이 짧고 예민하다 보니 호진이의 어머니는 한 숟갈이라도 더 먹이기 위해 밥을 들고 쫓아다니셨다고 했습니다. 그마저도 통하지 않을 때는 유튜브나 텔레비전을 틀어놓고 아이가 정신이 팔린 틈을 타 입속에 밥을 넣어주곤 하셨죠. 그러다 보니 학교에 입학해서 자리에 앉아 밥을 먹는 데 많은 어려움을 겪었습니다. 친구들은 저마다 밥을 맛있게 먹고 있는데 호진이는 식사에 전혀 관심이 없는 듯 돌아다니기 일쑤였고 간신히 자리에 앉혀도 음식을 전혀 씹지 않고 물고만 있었습니다. 식사를 끝낸 아이들이 친구들과 운동장에 놀러 나갈 때도 호진이는 자리에 앉아 식판만 붙잡고 있는 일이 많았습니다. 호진이의 학교 생활은 당연히 어려움투성이였죠.

학교는 보육기관이 아닌 교육기관으로 입학 전에 보육에 해당하는 식사, 수면, 배변 처리 등을 얼마나 잘 습득하고 오느냐에 따라 학교 적응 속도가 확연하게 달라질 수 있습니다. 따라서 편식이 심하거나 돌아다니면서 밥을 먹는 등의 잘못된 식습관을 갖고 있다면 입학 전 가정에서 충분한 시간을 갖고 바로잡아주시는 게 좋습니다.

아침 식사 시간과 양 맞추기

대부분의 경우 초등학교의 점심 시간은 4교시를 마치고 난 12시 전후입니다(간혹 급식실에서 전교생이 먹는 경우에는 원활한 배식을 위해 시간이 변경될 수 있습니다). 9시에 등교해서 12시가 되기까지 너무 배가 고프거나 반대로 너무 배가 부른 상태면 수업에 집중하기 어렵겠지요. 아침을 꼭 먹어야 하는 이유에 대해서는 모두 잘 알고 계실 테니 그 이야기는 생략하고, 저는 여기에 하나만 더 보태겠습니다.

아침을 너무 늦게 먹거나 너무 많이 먹이지 말아주세요. 아침을 안 먹고 온 친구는 1교시가 지나면서부터 배가 고프다고 하고, 반대로 아침을 너무 많이 먹고 온 친구는 배가 부르다며 식사를 거부합니다. 학교에서는 아이가 먹어야 할 최소한의 양을 배식해 주는데 아직도 배가 안 꺼졌다며 밥 먹기를 힘들어하죠. 다른 친구들은 20분 안에 식사를 하고 정리까지 끝내는데 이 친구들은 선생님이 정리하라고 할 때까지 식판만 잡고 있습니다.

따라서 학기 중에는 늦어도 아침 7시 30분까지는 잠자리에서 일어나도록 도와주세요. 그리고 식사를 하면서 잠을 깰 수 있도록 유도해 주세요. 이때 아침 식사의 양은 식판 기준의 절반 정도면 적당합니다. 시간에 쫓겨 허겁지겁 먹거나 거르지 않도록 미리미리 습관을 들이는 것이 중요합니다.

다양한 식재료에 도전하기

아이가 태어나면 부모가 바라는 건 딱 세 가지입니다. 잘 먹고, 잘 자고, 잘 싸라. 초등학교에 막 입학한 1학년 아이들을 바라보는 선생님들도 이와 비슷한 바람을 갖게 됩니다. 잘 먹고, 잘 놀고, 잘 배우라는 것이지요.

초등학교 1학년 담임을 맡아 관찰한 결과, 대체로 잘 먹는 아이들이 성격도 원만하고 학교 생활에 적극적이더군요. 장이 예민한 친구들은 음식 섭취를 두려워하고 입이 까다로운 친구는 편식하는 경우가 많습니다. 그런데 어떤 음식이든 '와! 맛있겠다' 또는 '먹어봐야지' 하며 도전하는 친구는 당연히 그 마음가짐이 다를 수밖에 없지요.

실제로 1학년 아이들의 배식을 해보면 "음, 이건 뭐지? 맛있어 보이네"라며 긍정적인 반응을 보이는 친구가 있는 반면 "이건 뭐예요? 아, 먹기 싫은데"라며 부정적인 반응을 보이는 친구도 있습니다. 저의 경우는 알레르기가 있는 게 아니라면 하나씩이라도 먹어보도록 지도하고 있는데 언젠가부터 음식을 강제로 먹이는 게 아동학대라는 인식이 생기면서 급식 지도를 적극적으로 하지 못해 안타까운 마음이 듭니다.

다양한 식재료를 맛보고 식감을 느끼는 것은 감각의 발달에 매우 도움이 됩니다. 따라서 집에서부터 아이들이 다양한 식재료를 접할 수 있도록 이끌어주시길 부탁드립니다. 자신이 좋아하는 음식만 먹으려 한다거나 새로운 식재료에 거부감을 보이는 아이들은 학교에서 제공되는 맛 좋고 균형 있는 식단을 제대로 섭취할 수 없게 됩니다. 음식에 예민한 아이라면 입학 전 집에서 식판을 이용해 조금씩이라도 골고루 먹는 연습을 해보는 것도 좋습니다.

정확한 정보 제공하기

대부분의 학교에서는 학기 초 건강 실태 조사서를 작성하도록 합니다. 여기에는 아이가 갖고 있는 알레르기 유무와 그 종류에 대해 쓰게 되어 있는데, 이때 부모님들이 정확하게 표기해 주는 게 매우 중요합니다. 제가 처음 교사 생활을 시작한 2000년대 초반만 해도 전교에 한두 명이던 땅콩 알레르기를 가진 아이들이 요즘 부쩍 늘어난 것을 보며 놀라고는 합니다. 또 검사 기법이 정밀해지면서 유제품이나 특정 과일 등 알레르기의 종류도 무척 다양해졌습니다. 따라서 우리 아이가 갖고 있는 알레르기 종류가 무엇인지 교사에게 정확한 정보를 주어야 아이들이 즐겁고 건강하게 식사를 즐길 수 있습니다.

　교사에게 알레르기 종류를 정확히 고지했음에도 알레르기를 유발하는 식재료가 볶음밥 안에 들어가는 등 눈에 보이지 않기도 하고 20명이 넘는 아이들을 한꺼번에 챙기다 보니 간혹 놓치게 되는 경우도 발생합니다. 따라서 매달 제공되는 식단표를 통해 우리 아이가 먹어서는 안 되는 음식에는 어떤 것이 있는지 미리 체크해 주시기 바랍니다. 이때 식단표에 있는 알레르기 번호를 확인하는 것이 가장 정확합니다. 이 외에도 식사량이 너무 적거나 편식을 하는 등 식습관에 대해 의논해야 할 내용이 있는 경우 선생님께 미리 알리는 것도 도움이 됩니다.

　실제로 저는 어릴 때부터 밥을 잘 먹지 않는 둘째아이가 고민이었는데, 초등학교 1학년 때 선생님에게 다음과 같은 편지를 적어서 보낸 적이 있습니다.

　"아이가 식사량이 적은 편입니다. 가정에서도 지속적으로 지도를 하고 있사오나 급식을 너무 먹기 힘들어해서 선생님께서 지도하시느라 너무 애쓰실까 걱정이 됩니다. 아이가 급식을 다 먹지 못하더라도 정해진 시간 내에 정리할 수 있도록 양해를 부탁드려 봅니다."

다행히 둘째아이의 담임 선생님께서도 이런 제 마음을 이해해 주셨고, 아이의 식사량을 조금씩 늘리는 데 도움을 주셨던 기억이 납니다.

도움에 감사 표현하기

아이들이 혼자 열기 힘든 우유, 요거트, 주스 등 조금 특이한 후식이 급식에 나오면 1학년 교실은 말 그대로 아수라장이 됩니다. "선생님, 이게 안 열려요! 도와주세요" 하고 곳곳에서 저를 부르지요. 그렇다고 해서 이 모든 걸 가정에서 미리 연습할 필요는 없습니다. 제 경험에 따르면 학급 내에서 3분의 1 정도의 아이들은 선생님의 도움 없이 스스로 해결하고, 나머지 아이들은 도움을 요청하게 됩니다.

저도 1학년 학급을 맡을 때면 점심 시간마다 일일이 돌아다니며 아이들의 간식을 뜯거나 잘라주었던 기억이 있습니다. 솔직히 말씀드리자면, 대부분의 선생님들은 "1학년이면 다 그렇지" 하고는 대수롭지 않게 생각합니다. 더 솔직히 말하자면 1학년 담임에게 점심 시간은 식사를 한다기보다는 아이들에게 밥을 먹이는 시간이지요.

이때 제가 중요하게 생각하는 건 스스로 하려는 노력과 함께 선생님의 도움을 받을 때의 태도입니다. 급식 시간에 자신의 것만 빨리 해결해 달라고 보채거나 선생님이 열어준 간식을 낚아채듯 쌩하고 가져가는 아이를 보면 섭섭한 마음이 드는 게 인지상정이니까요.

우유를 열다가 책상에 쏟고, 식판을 들고 가다가 바닥에 흘리는 등 아이들이 식사를 하며 겪게 되는 모든 상황을 수습하는 건 결국 선생님의 몫입니다. 따라서 도움받는 것을 너무 어렵게 생각하지는 않되, 자신을 도와주는 선생님에게 진심으로 감사 표현을 할 수 있도록 가정에서 지도해 주시기 바랍니다.

배변 교육

비데가 설치된 청결하고 편안한 환경에서 용변을 보았던 아이는 학교에서 처음 보는 화변기(일명 쪼그리 변기)에 깜짝 놀라 문을 닫습니다. 바지를 어떻게 움켜잡아야 할지 벌써부터 난감해지지요. 꾹 참아보려 애를 쓰다가 그만 옷에 실례를 하고 말았습니다. 선생님께 어떻게 얘기해야 하는지, 친구들이 놀리면 어떡할지, 아이는 그 순간부터 학교가 싫어집니다. 우리 아이 배변 실수, 어떻게 해야 줄일 수 있을까요?

유치원에서는 화장실에 가고 싶으면 자유롭게 다녀올 수 있지만 학교는 수업 시간 40분, 쉬는 시간 10분으로 정해져 있으며 원칙상으로 쉬는 시간에 용변 처리를 하도록 지도하고 있습니다(물론

1학년은 배변 실수가 있을 수 있어서 유연성을 발휘하기는 합니다).

요즘에는 학교에서도 대부분 좌변기를 사용하고 있지만 화변기가 남아 있는 곳들도 있어서, 반드시 사용법을 숙지해야 합니다. 실제로 2023년 '서울 초중고 변기 현황' 자료에 따르면 서울 내 학교 1,307곳의 변기 11만 3,882개 중에 화변기가 1만 6,662개(14.6%)나 남아 있기 때문입니다. 의자 모양의 좌변기에 비해 신체 접촉이 적어 위생적이라는 장점도 있지만 가정에서 사용하는 것과 모양이 달라 학생들이 낯설어하고 쪼그려 앉는 자세 역시 불편하다는 단점이 있습니다.

학교에서의 화장실 사용을 유독 힘들어했던 3학년 선영이는 화장실에 가기 싫어서 물도 마시지 않던 아이였습니다. 알고 보니 1학년 때부터 학교에서 용변을 보지 않았다고 해요. 급기야는 대변이 마려울까 봐 아침 밥을 거부하는 지경까지 이르렀다고 합니다. 이렇게 무작정 참다 보면 방광염과 같은 질환을 앓을 수도 있으니 부모님의 걱정이 점점 더 커질 수밖에 없습니다.

지환이는 안 좋은 기억 때문에 화장실 가는 걸 꺼리던 친구입니다. 어느 날 배가 아파서 대변을 보고 있었는데 장난기 가득한 친구가 큰 소리로 똥 싼다며 놀렸던 것이지요. 실제로 남자 화장실의 경우 소변기와 대변기가 분리되어 있다 보니 화장실 칸 안에 들어

가는 것만으로도 놀림감이 되는 경우가 있습니다. 만약 아이가 이런 상황에 처한다면 대변이 누고 싶을 때는 선생님께 살짝 말씀드리고 수업 중에 다녀오는 것도 방법이 될 수 있습니다.

참고로 대부분의 1학년 아이들은 배가 아픈 이유를 구분하기 어려워합니다. 대변을 누고 싶어서 아픈 건지, 배탈이 나서 아픈 건지 헷갈려 하지요. 배가 아프다고 해서 보건실에 가도록 안내했는데, 용변 때문인 경우가 의외로 아주 많습니다.

볼일 볼 시간 확보하기

유아 때는 시간적 여유가 있다 보니 언제든 아이가 원할 때 볼일을 보기가 쉬웠습니다. 그러나 초등학교에 입학하면서부터 쫓기듯 등교하고 이후 방과 후 수업, 돌봄 교실, 학원 등의 일정을 소화하느라 대변을 볼 시간을 충분히 확보하지 못하는 경우가 왕왕 생깁니다. 우리 아이가 용변으로 인해 난처한 상황에 처하지 않도록 하루 중 언제 대변을 보는지 패턴을 파악하는 게 좋습니다. 아침에 화장실을 가는 경우라면 다른 아이들보다 조금 더 일찍 일어나 편안한 마음으로 용변을 처리한 후 등교하는 것이 아이가 편안한 마음으로 학교 생활에 임할 수 있는 길이겠지요.

속이 편한 메뉴 고르기

요즘에는 아침을 안 먹고 등교하는 아이들이 많습니다. 그렇다 보니 2교시부터 배가 고프다고 호소하는 아이들도 있습니다. 이런 친구들은 당연히 수업 시간에 집중하기가 어렵습니다. 어른들도 배가 고프면 집중하기 어려운데 아이들은 오죽할까요. 또 우유와 시리얼을 먹고 와서 오전 내내 배가 아프다는 아이들도 있습니다. 아이가 우유를 먹은 뒤 복통을 호소한다면 음식의 종류를 바꿔주거나 락토프리 우유를 먹이는 것이 좋습니다. 또 김밥이나 삶은 달걀을 급히 먹고 와서 구토를 한다거나 설사를 하는 경우도 종종 있으니 보다 세심하게 아이들의 아침 식사를 챙겨주시길 바랍니다.

화변기 연습하기

우리 친구들은 나날이 좋은 환경을 접하는데 학교는 따라가지 못하는 경우가 많습니다. 비데와 화변기의 차이처럼 말이지요.

저 같은 경우는 아이들 입학 전, 일부러 다양한 화장실을 경험시키려고 했습니다. 외출했을 때 공중 화장실에서 화변기를 보여주고 사용법도 알려주었습니다. 언제나 자신이 원하는 환경에서 생활할 수는 없기 때문에 다양한 환경에 적용할 수 있도록 평소에도 유연한 태도를 갖고 아이들을 지도하는 게 좋습니다. 비데 사용에 너무 익숙해져 불편을 느끼는 아이라면 화장실용 물티슈를 사용하거나 휴지에 물을 묻혀서 닦는 등 가능한 방법에 대해서 이야기해 보는 것도 도움이 될 것입니다.

화장실 예절 배우기

초등학생들에게 가장 장난치기 좋은 곳은 화장실입니다. 특히나 1학년은 더 그렇지요. 휴지를 있는 대로 말아서 쓰는 바람에 변기가 막히기도 하고 손 씻은 후 물을 닦느라 휴지 조각이 여기저기 흩어지는 일도 다반사이지요. 친구들이 대변을 누는 것 같으면 문을 두드리기도 하고 심지어 옆 칸에 올라가서 보려는 친구들도 있습니다. 화장실에서의 장난은 자칫 큰 사고로 이어질 수도 있기 때문에 주의할 수 있도록 가정에서 미리 알려주시는 게 좋습니다.

대변이 급할 경우 애써 참으며 쉬는 시간을 기다리기보다 선생님에게 상황을 말씀드린 뒤 바로 다녀올 수 있도록 지도해 주세요. 아울러 휴지로 대변을 처리할 때는 휴지를 여덟 칸 뜯은 뒤 반으로 접어 손에 묻지 않게 조심하며 닦고, 다시 한번 반으로 접은 뒤 앞에서 뒤로 닦습니다. 여아의 경우 방향이 바뀌면 위생상 문제가 될수 있으니 유의합니다. 용변을 본 뒤 물 내리는 것도 잊지 않도록 알려주세요. 집에서 용변 닦는 연습을 할 때는 풍선을 주먹보다 약간 크게 분 뒤 두 개를 맞닿도록 묶어 그 가운데에 립스틱이나 로션을 묻혀 아이가 직접 닦을 수 있도록 합니다.

아이가 배변 실수를 했다는
연락을 받았을 때

아이가 배변 실수를 했다는 연락을 받으면 누구나 가슴이 철렁할 것입니다. 바로 달려가면 좋겠지만 그럴 수 없는 경우도 많습니다. 언젠가 아이가 배변 실수를 했는데, 마침 외출 중이라 한 시간 뒤에 학교에 갔더니 내내 아이가 화장실에 서 있었더라 같은 이야기를 맘카페에서 읽은 적이 있습니다. 자세한 사정은 알 수 없지만 이런 일이 발생할까 너무 걱정하지 않으셔도 괜찮습니다. 초등학교 1학년을 맡은 선생님들의 경우 아이가 토하거나 배변 실수를 할 수 있다는 것을 기본적으로 인지하고 있기 때문입니다. 단, 집에서처럼 세심하게 처리하는 일은 사실상 쉽지 않습니다. 특히 육아 경험이 없거나 성별이 다른 교사일 경우 서툴 수 있지요.

최근에는 아이들의 용변 실수도 과거에 비해 현저하게 적어지더라고요. 다만 또래보다 배변 실수를 자주하는 친구라면 여분의 속옷과 하의, 양말을 사물함에 놓고 다니는 것도 방법입니다.

배변 실수한 아이의 팬티를 제대로 빨지 않고 보내서 항의를 받았다는 동료 교사들의 이야기도 심심치 않게 듣는데요. 학급 아이들을 교실에 남겨둔 채 용변 뒤처리에 많은 시간을 보낼 수 없는 게 현실입니다. 아이가 수

치심을 느끼지 않고 나머지 시간을 무사히 보낼 수 있을 정도면 선생님의 역할은 충분히 했다고 보아야 합니다.

기본적으로 학교는 보육기관이 아닙니다. 따라서 학교 선생님이 모든 걸 해결해 줄 것이라는 기대는 갖지 않아야 합니다. 급한 경우 도움을 받을 수 있지만 식사, 배변, 청결 등 기본 생활에 대해서는 아이 스스로 책임지도록 가르치는 게 좋습니다.

안전 교육

유치원 때는 등하원을 부모와 함께하지만 이제 아이가 가방을 메고 등하교를 직접 해야 한다니 대견한 마음과 함께 걱정이 밀려듭니다. 어떤 학교에서는 교문 앞 혼잡을 막기 위해 부모님이 데려다주지 말고 아이 혼자 등하교하도록 지도해 달라는 요청을 받기도 하지요. 아이 혼자 보내도 될지 고민된다면 다음의 사항을 체크해 보세요.

1. 아이의 등하교 통로와 주행 중인 차량이 분리되어 있는가.
2. 횡단보도를 건너야 하는가.
3. 구부러진 골목길 사이로 가야 하는가.
4. 차량이 30㎞ 이하로 서행하고 CCTV와 어린이 보호 구역이

설치되어 있는가.

5. 공사 중이거나 성인물 판매 등 위험 요소는 없는가.

지난 2022년 정부가 전국 6,000여 개 초등학교 주변의 위험 요소 여부를 점검한 결과 총 143만 건의 위험, 위법 사항이 적발되었다고 합니다. 어린이 보호 구역 내 불법 주정차를 비롯해 공사장 안전 울타리 미설치, 청소년 유해업소 적발 등이 여기에 해당되었는데요. 실제로 각 초등학교의 통학로 사정은 지역마다 매우 심한 편차를 보입니다. 제가 근무했던 학교도 마찬가지였습니다. 아파트 단지 내에 있던 학교에서는 아이의 등하교 모습이 베란다에서도 보일 정도였지요. 당연히 집 앞에서부터 교문에 이르기까지 큰 위험 사항이 없으니 부모가 동행하지 않아도 괜찮습니다.

그러나 구 도심의 학교에서 근무할 때는 사정이 달랐습니다. 아이와 차량이 뒤섞이기도 하고 불법 주차된 차량들 사이로 아이들이 위험천만하게 길을 건너기도 했지요. 결국 안타깝게도 제가 일하던 옆 학교에서 하굣길에 아이가 차에 치여 목숨을 잃는 사고가 발생하기도 했습니다.

우리는 어른으로서 아이들의 안전한 통학로를 책임질 의무가 있습니다. 앞서 제시한 다섯 가지 위험 사항에 해당하는 것들이 있다면 지자체에 건의와 민원을 제시하여 바로잡아야 합니다. 통학로 주변 보도를 설치하고 등하교 시간대에 차량 통행을 제한하는 등 아이들의 안전을 지킬 방법은 많습니다. 실제로 프랑스에서는 등하교 시간에 모든 모터 작동 교통 수단의 운행을 금지하는 '초등학생의 길'을 시범 운영하고 있다고 합니다.

안전은 아무리 강조하고 강조해도 지나치지 않습니다. 초등학교 저학년의 경우에는 생각지 못한 곳에서 위험에 처하기도 합니다. 학교에서도 안전에 대한 교육을 철저히 하고 있지만 가정 내 지도가 연계되어야 하는 부분이니 항상 아이들에게 안전의 중요성에 대해 알려주시길 부탁드립니다.

7대 안전 교육과 함께하기

교육과정에서 지도하는 7대 안전 교육이라는 것이 있습니다. 생활 안전 교육, 교통 안전 교육, 폭력 예방 및 신변 보호 교육, 약물 및 사이버 중독 예방 교육, 재난 안전 교육, 직업 안전 교육, 응급 처치 교육이지요. 교육부에서 운영하는 학교안전정보센터(www.schoolsafe.kr)에는 초등학생 눈높이에 맞는 훌륭한 교육 자료들이 많이 있으니 가정에서 적극 활용하시길 바랍니다.

💡 교육부에서 운영하는 학교안전정보센터 사이트

위험으로부터 나를 지켜요

모든 안전 교육이 중요하지만 초등학교 1학년에게 특별히 더 강조하고 싶은 것은 교통 안전 교육과 신변 보호 교육입니다. 모든 학교가 초품아(초등학교를 품은 아파트)가 될 수 없듯이 아이들이 오고 가는 길에서 가장 큰 위험 요소는 바로 자동차입니다. 최근에는 전동 퀵보드와 전동 자전거로 인해 다치는 경우도 많지요. 따라서 횡단보도 안전 교육과 더불어 다양한 이동장치를 조심하는 교육이 필수적입니다. 자동차가 지나갈 때는 무조건 일단 멈춘 뒤 좌우를 충분히 살피고 갈 수 있도록 강조해 주세요.

아울러 신변 보호 교육은 유괴 예방, 미아 방지와 연계됩니다. 올해 초 초등학교 1학년 아이들에게 어떤 사람이 나쁜 사람일지 그 모습을 상상해서 그려보도록 했는데 105명의 아이들 중 무섭고 흉악한 얼굴을 표현한 친구는 절반 정도에 불과했습니다. 나쁜 행동을 하는 것과 겉으로 보이는 모습에 유사성은 거의 없다는 것이지요. 실제로도 아이를 유괴하는 수법 중 가장 흔한 유형은 도움을 요청하는 것이었습니다. 이 외에도 선물을 주겠다고 하거나 아이의 가방에 적힌 이름을 부르며 친근하게 다가가는 사람들이 범죄를 저지르는 경우가 생각보다 아주 많았습니다.

어쩌면 신변 보호 교육은 낯선 사람에 대한 정의를 다시 내려야 하는 일일지도 모릅니다. 따라서 아래 두 가지 원칙을 아이들에게 꼭 가르쳐주시기 바랍니다.

1. 어른은 아이들에게 도움을 요청하지 않는다.
2. 엄마(혹은 아빠)가 다치거나 병원에 있다며 너를 데려다 달라고 하는 경우는 절대 없다.

아울러 아이 혼자 놀이터에 남거나 인적이 드문 골목길로 다니지 않도록 유의해 주세요. 부득이하게 혼자 다닐 때는 CCTV가 있는 큰길로 다니고 등하교 시간에는 친구들과 함께 이동할 수 있도록 합니다.

만약 누군가 나를 계속해서 쫓아온다고 생각한다면 근처 편의점이나 식당 등에 들어가 도움을 요청해야 합니다. 그 외에도 범죄나 각종 위험에 처한 아동을 임시로 보호하기 위한 곳인 '아동안전지킴이집'이 있습니다. 이 스티커가 있는 곳을 미리 살펴두면 위급시 아이에게 유용할 수 있습니다.

💡 우리 동네 지정 아동안전지킴이집 표시

어른으로서 너무나 미안한 얘기지만 성범죄자로부터 아이를 지켜내기란 쉽지 않습니다. 개인 정보 관련으로 이들의 신상을 공개하지 않기 때문이지요. 따라서 내 아이를 지키기 위해서는 별도의 검색이 필요합니다. '성범죄자 알림e(www.sexoffender.go.kr)'라고 하는 사이트에서 개인 정보 활용에 동의한 후 검색을 누르면 우리 동네에 사는 성범죄자의 주민등록상 주소와 실제 거주지가 나옵니다. 이름을 클릭하면 성범죄 여부, 전자장치 부착 여부, 실제 인상 착의(사진 포함)가 나오기 때문에 아이들 지도에 적극적으로 활용할 수 있습니다. 개인 정보라는 미명하에 가려진 우리 아이의 안전을 위해서 부모님께서 꼭 검색해 주시기를 부탁드립니다.

💡 **성범죄자 알림e 서비스**

독서 교육

언어는 사람의 생각을 드러내는 도구로, 어떤 단어를 사용해 어떤 문장을 구사하는지가 그 사람의 내면을 가장 잘 보여준다고 합니다. 어린 시절에 사용하는 언어가 아이의 생각을 확립해 나가는 자양분인 셈입니다. 최근에는 아이들의 문해력 저하가 정말 큰 문제로 지적되고 있는데 '헐, 대박, 어쩔' 이 세 단어만 알아도 소통에 문제가 없을 정도라고 하니 얼마나 심각한지를 알 수 있습니다. 탄탄한 문해력의 경우 타고난 언어 지능보다는 다양한 독서 활동을 통해 쌓을 수 있는 학습이기 때문에 어릴 때부터 좋은 습관을 갖는 것은 매우 중요합니다.

유튜브에 오랜 시간 노출된 친구들은 수업 중에도 티가 납니다.

영상 교육을 실시할 때면 어김없이 "지렸다. 찢었다. 레전드" 등의 감탄사를 연발합니다. 문제는 순간순간 영상이 나오는 부분에만 반응할 뿐 앞뒤 문맥을 파악하지 못한다는 데 있습니다. 어휘력도 문해력도 부족하니 집중력은 짧아질 수밖에 없지요.

이에 반해 독서 교육은 앞의 내용과 등장 인물, 인과 관계 등을 기억하며 뒤를 읽어야 합니다. 유튜브 쇼츠처럼 단순히 페이지를 넘긴다고 이해되지 않지요.

제가 가르쳤던 3학년 예준이는 늘 학습 만화와 유튜브에 빠져 있던 아이였습니다. 영상을 봐도 조금만 길어지거나 설명이 나오는 부분이면 어김없이 딴짓을 했지요. 점점 더 자극적인 것을 찾다 보니 책은 더욱 멀어져 갔습니다. 친구들과 대화할 때도 늘 "어쩌라고, 내 맘이지"를 외치더라고요. 결국 부모님과의 상담을 통해 유튜브 사용 시간을 제한하기로 결정했습니다.

좋은 책 고르는 법

독서에 대한 관심이 어릴 때부터 뜨겁다 보니 간혹 시중에 나와 있는 각종 전집을 사놓는 분들이 계십니다. 읽어서 좋지 않은 책은 없겠지만 독서 시간이 한정되어 있는 만큼 양질의 책을 골라 읽는 연습을 하는 게 좋습니다. 어떤 책이 양질의 도서인지 고르기 어렵다면 교과서 수록 또는 연계 도서, 전래 동화와 세계 명작 동화, 뉴베리상과 안데르센 수상작 등의 순서로 읽는 것을 추천합니다. 스토리가 단순한 학습 만화 대신 이런 좋은 콘텐츠의 도서를 자주 접하면 읽기 능력이 향상되는 것은 물론이고 문학에 대한 감수성도 증대됩니다. 개인적으로 제가 좋아하는 곳은 북스북스(ebooksbooks.com)라는 사이트에서 제공하는 추천 도서 목록 리스트인데요. 경기도학교도서관사서협의회에서 선정한 추천 도서 목록을 다운받을 수 있으니 활용해 보시기 바랍니다.

💡 추천 도서 목록 다운로드 서비스

이때 한 가지 알아둘 것이 있습니다. 집에서 책을 보는 것과 학교 수업을 위한 독서에는 분명한 차이가 있다는 사실입니다.

학교에서는 바르게 앉아서 큰 목소리로 또박또박 읽는 것을 독서 교육의 첫 번째로 삼고 있습니다. 대부분의 아이들이 책을 읽을 때 집에서처럼 편한 자세로 늘어지는 경향이 있습니다. 따라서 가정에서도 편히 읽을 때와 바른 자세로 읽을 때를 구분해 주시는 게 좋습니다. 저의 경우는 가능한 한 바르게 앉아서 책을 읽도록 지도했습니다. 이 과정에서 돈을 아끼지 않은 건 독서대와 발 받침이었고요. 책상 자체가 세워지는 것보다 독서대를 활용하는 것이 더 효율적입니다. 특히 1학년에는 바른 자세로 책 읽는 것이 중요합니다. 한 번 틀어진 아이의 자세는 고학년이 돼서도 계속되거든요.

또 한 가지 중요한 것은 큰 소리로 책을 읽어내는 일입니다. 책을 읽을 때 눈으로만 훑는 아이들이 있습니다. 때때로 문장의 순서를 뛰어넘거나 자신이 흥미로워하는 부분만 읽고 넘어가서 내용을 제대로 파악하지 못하는 경우도 많지요. 하루 5분, 10분이라도 꼭 소리 내어 읽기를 추천합니다.

부모님과 함께하는 세 권 독서법

제 경험에 의하면 초등학교 1학년부터 매일 도서관에 가서 세 권씩 빌려오게 하는 것이 독서 교육에 있어 가장 효과가 좋았습니다. 이른바 부모와 함께하는 세 권 독서법인데요. 빌려온 책을 아이가 먼저 읽고, 자기 전에 부모님이 다시 읽어주는 거죠. 사실 이 방법은 부모의 엄청난 노력을 필요로 합니다. 이렇게 읽고 나서 다음 날 도서관에 반납 후 세 권을 또다시 빌리면 아이의 독서량은 폭발적으로 늘어날 수밖에 없습니다.

이 독서법에는 또 다른 장점이 있는데요. 사서 선생님께서 도서관에 매일같이 오는 친구를 기억할 수밖에 없다는 사실입니다. 담임 선생님 외에 자신을 알아보는 선생님이 있다는 것만으로도 아이들은 무척 즐거워합니다. 도서관은 학교에서 가장 안전한 장소이기도 하니 적극적으로 활용하시기를 권합니다.

한글 교육

초등학교 1학년 학부모님들과 상담을 하면서 가장 많이 들은 고민은 바로 한글 공부에 대한 부분이었습니다. 한글은 본격적으로 교육의 시기에 돌입했다는 신호와도 같기 때문이죠. 따라서 한글을 떼지 못한 채로 입학한 아이를 둔 부모님들은 "너희 반에 한글 모르는 애 있어? 몇 명이야?"를 되풀이해서 묻게 됩니다.

올해 초 1학년 창의적 체험활동 동아리 수업을 할 때의 일이었습니다. 『엄마가 화났다』라는 책을 읽고 우리 엄마가 화가 나실 때에 대해서 활동을 나누는 시간이었지요. 자신의 이름을 학습지에 쓰고 활동을 시작하려던 순간 갑자기 정연이가 울면서 뛰쳐나왔습니다. "선생님, 저는 한글을 못 써요"라고 하면서 말이죠.

사실 이 활동은 반드시 글로 써야 하는 건 아니었습니다. 실제로 1학년 활동은 그림으로 그리거나 몸으로 표현하는 일이 많습니다. 나중에 정연이 담임 선생님과 만나 이야기를 나누어 보니, 한글이 미숙하다는 이유로 하루에 한 번씩은 우는 것 같다고 걱정하시더 군요.

아무리 제가 그림으로 그려도 된다고 달래도 소용없더군요. 다른 아이들이 전부 글로 쓰는데 자신만 그림을 그리는 건 아무래도 아이의 마음을 위축되게 할 수 있지요. 특히나 불안감이 높은 아이의 경우에는 이걸 못하게 됨으로써 혼나는 건 아닐까, 친구가 놀리는 건 아닐까와 같은 생각에까지 이어질 수 있습니다.

1학년 1학기는 아이들의 학교 적응을 돕고 학업 부담을 줄이기 위해서 받아쓰기 시험조차 보지 않는 경우가 많습니다(2학기부터는 대부분 시험을 보지만요). 당연히 학교 생활을 해나감에 있어 한글 교육은 매우 중요하지만 입학 초기인 1학년 1학기에는 그보다 더 본질적인 교육에 힘쓰는 것이 좋습니다. 다만 아이가 학교 생활에 빠르게 적응하고 자신감을 갖은 채 첫발을 내딛기 바란다면 아주 어려운 받침이나 띄어쓰기를 완벽하게 하지는 못하더라도 기초적인 한글은 배우고 가는 것을 추천드려요. 초등학교 1학년은 자신감을 무장해야 하는 시기이기 때문입니다.

모두 한글로 적혀 있어요

학교에서 선생님의 지시사항들과 표지판들은 모두 한글로 적혀 있습니다. 보건실, 도서관, 시청각실 등 학교의 시설물이 무엇인지도 글자로 보고 읽어낼 수 있어야 하지요. 또한 게시판마다 우리 반 약속, 학급에서 지켜야 할 일 등 여러 가지 내용이 그림이 아닌 글자로 적혀 있어서 한글을 읽지 못하면 무척 불편합니다.

입학 초기 활동에서 한글 해득 교육이 강화되고 2022 개정 교육과정에 따라 초1, 2학년 국어 수업이 34시간 늘어나게 되었는데 이는 초등학교 1학년의 한글 해득력이 얼마나 중요한지를 보여줍니다. 최소한 1학년 1학기까지는 한글을 떼야 그 이후 아이 활동에 제약이 적습니다.

수포자 예방하는 한글 깨치기

2022년 사교육걱정없는세상에서는 초등학교 1학년 수학 교과에 대한 교사 인식 및 한글 기초 교육과의 연계성에 대한 설문조사를 실시한 결과, 초1 학생이 수학에 흥미를 느끼지 못하는 원인의 70.8%가 '한글 문해력 부족'으로 나타났다고 밝혔습니다.

초등학교 수학 교과서를 보면 알 수 있듯이 요즘 수학은 문장형 문제가 많습니다. 따라서 한글을 제대로 이해하지 못하면 다른 과목을 시작하자마자 포기하게 만드는 것과 같습니다. 사실 학습을 시작하는 아이들에게 중요한 것은 자신의 수준보다 한 단계 높은 자극을 통해 성장하는 것입니다. 이를 통해 성취감과 자신감을 느끼며 자기 주도적인 학습으로 이끌어야 하지요. 그러기 위해서 '도구'로써의 한글이 필요합니다. 수학 공부에 있어서 기본적으로 한글을 깨우치고 온 친구는 이미 하나의 도구를 가지고 있다고 생각하시면 편할 것 같습니다.

효과적인 한글 공부법

어린이집과 유치원에서 누리과정으로 한글을 학습하게 되면서 기본적으로 아이들이 한글을 접하는 시기는 비슷합니다. 아이가 한글을 모른다면 우선 하나의 책을 되풀이해서 읽도록 도와주세요. 반복을 통해 단어 자체가 익숙해지면 글자를 모르는 채로 책을 외우기도 하는데 이 과정에서 통글자로 받아들이면서 쉽게 한글을 떼기도 하니까요.

이때 글밥이 많지 않은 쉬운 유아용 책을 골라 읽어주시는 게 좋은데요. 초등학교 입학 6개월 전부터는 손의 힘을 기르기 위한 활동과 한글 공부를 병행하는 게 좋습니다. 손힘을 기르기 위해서 소근육 발달에 도움이 되는 색칠 공부, 찰흙 놀이, 종이 접기, 자르기와 붙이기, 블록 조립 등을 추천합니다. 실제로 이런 다양한 활동을 한 친구와 그렇지 않은 친구는 과제를 해내는 데 있어 속도 차이가 무척 크답니다. 가정에서 아이가 놀 때 종이 접기를 따라 하거나, 만들기 시간을 마련해 주세요.

시중에 나와 있는 어린이용 한글 공부책을 하나 사서 학습하는 것도 좋습니다. 저는 개인적으로 『기적의 한글 학습』, 『기적의 받아쓰기』 시리즈를 좋아하는데요. 영어 학습이 시작되는 초등학교 3학년 전에도 『기적의 파닉스』로 톡톡한 효과를 보았지요.

이 외에도 현직 교사 선생님이 집필하신 『한 권으로 끝내는 한글 떼기』와 『한 권으로 끝내는 받아쓰기』 세트도 있으니 두루 살펴보시고 아이의 성향에 맞게 선택하면 됩니다. 다양한 책을 여러 권 돌려서 보는 것보다 한 세트라도 제대로 하는 것이 더 효과적이라는 것도 기억해 주세요.

우리 아이 독려하고 격려하기

아이가 글자에 관심을 가지면 처음에는 읽으려고 하다가 어느 순간 쓰려고 합니다. 이때 글자의 맞고 틀림에 지나치게 집착하면 아이가 글쓰기에 흥미를 잃을 수도 있습니다. 맞춤법이 서툴더라도 과정과 노력을 칭찬하고 격려해 줌으로써 아이가 글자 읽기와 쓰기에 재미를 가질 수 있도록 이끌어주는 게 좋습니다.

부모님과 간단한 쪽지를 주고받거나, 자신만의 책을 만들어보는 등 아이가 즐거워할 만한 활동을 통해 한글 학습에 동기 부여를 해주는 것도 좋습니다. 실제로 글쓰기를 좋아하는 아이들은 고학년이 되어도 늘어나는 필기량에 대한 부담을 적게 느끼고 글로 자신의 의사를 표현하는 일도 능숙하게 해내는 경우가 많습니다.

1학년 때는 미술 잘하는 친구가
칭찬 받아요

올해 초등학교에 입학한 서현이는 유난히 학교 생활을 즐거워합니다. "엄마, 이번에도 선생님이 내 그림을 벽에 붙여주셨어!" 그림을 그릴 때마다 듣는 선생님의 칭찬도 기분 좋지만 친구들이 서현이의 그림을 보고 엄지를 치켜 세울 때마다 서현이는 날아가는 것 같은 기분이 듭니다. 환한 색감의 서현이 그림은 어디에서든 눈에 띕니다. 교실 뒤 게시판에 붙어 있는 자신의 그림을 볼 때마다 어깨가 으쓱거리고, 미술 활동이 있는 날이 자꾸 기다려집니다.

초등학교 1학년 한 교시에 해당하는 학습 내용은 불과 2페이지입니다. 집중력이 짧다 보니 책을 통한 학습은 최소한으로 하고 나머지 시간은 활동으로 진행하지요. 이때 주로 하게 되는 활동은 자르고 오리고 색칠하기 등의 미술 활동입니다. 따라서 입학 전에 이런 활동을 자주 접해 본 친구들은 큰 어려움 없이 즐겁게 수업에 참여하지만 선 긋기조차 힘들어하는 아이들은 수업에 흥미도 적고 따라 하는 걸 힘들어하지요.

일반적으로 초등학교에서는 아이들이 꾸민 작품을 게시판에 전시하는데, 이때 색감이 진하고 깔끔하게 칠한 친구의 작품이 단연 눈에 띕니다. 고학년으로 갈수록 스케치의 정교함이 중요하지만 1학년 때는 꼼꼼하게 색칠하는 것만으로도 좋은 평가를 받을 수 있는 것이지요. .

입학 전에 하면 좋은 활동 사이트 추천

❶ 유튜브 픽미쌤TV(https://www.youtube.com/@pickmissem)
다양한 색칠 자료 및 만들기 도안이 소개되어 있어 아이들이 흥미를 느끼고 도전할 수 있음. 실제로 교사들이 많이 참고하는 사이트라 입학 후에도 친근감을 느끼고 참여 가능함.

❷ 유튜브 네모아저씨(https://www.youtube.com/@UNCLESQUARE)
영상만 보고 아이 스스로 종이 접기를 직접 할 수 있을 만큼 세심한 설명이 돋보임. 작품의 완성 퀄리티도 높아 성취감을 느낄 수 있으며 아이들이 관심을 가질 만한 다양한 주제가 꾸준히 업데이트됨.

입학 전에 휴대폰
사줘야 할까요?

입학 전에 휴대폰이 필요한가에 대한 정답은 없습니다. 각 가정마다 상황이 다르고 아이의 성향, 부모님의 불안 정도 등에 맞추어서 결정해야 할 문제이지요. 다만 휴대폰으로 인해 발생할 수 있는 문제점과 안전한 사용법을 부모가 인지하고 이에 대한 교육이 선행되어야 합니다.

기본적으로 학교에서 생활하는 오전 9시부터 하교하는 오후 1~2시 사이에는 휴대폰이 필요하지 않습니다. 학교에 휴대폰을 가져오는 경우 무음으로 해놓거나 꺼두어야 하는데, 이를 잊어서 수업 중에 전화벨이 울리는 일도 잦고 낯선 번호로 걸려오는 전화를 보고 선생님에게 달려와 무섭다고 우는 아이들도 있지요.

아마 아이에게 휴대폰을 사주려고 고민하는 대부분의 이유는 안전 때문일 것입니다. 만약 부모님이 아이의 동선 파악이 모두 가능한 상황이고 해당 부분에 위험이 없다고 판단한다면 휴대폰이 없어도 전혀 문제되지 않습니다. 맞벌이거나 아이가 학원 등을 이동할 때 부모와 동행할 수 없어 걱정된다면 초등 안심 알리미(아이알리미) 서비스를 이용하는 것도 고려할 수 있습니다. 1년에 3만 원 정도의 저렴한 금액으로 아이의 등하교 시간을 확인할 수 있습니다. 최근에는 무료로 지원되는 지역도 있으니 참고해 주세요. 아이의 단말기가 지정된 장소(학교 교문, 후문 등)에 인식되면 부모의 휴대전화로 알림이 전송됩니다.

만약 휴대폰을 사주게 된다면 저는 키즈폰을 추천합니다. 키즈폰의 경우 어린이에게 최적화된 UI(사용자 인터페이스)를 갖추고 있어서 이용 방법을 익히기 쉽고 퀴즈 게임처럼 간단한 학습용 콘텐츠도 탑재되어 있습니다. 위치 추적 같은 지킴이 기능이 부가적으로 제공되는 장점도 있습니다. 요즘에는 키즈폰도 스마트폰처럼 나오는 경우가 많은데 초등학교 저학년의 경우 휴대폰을 잘 챙기는 게 쉽지 않습니다. 저의 경우에는 일을 하는 엄마이고 아이의 위치가 파악이 안 되면 불안도가 높아지는 경향이 있어서 손목시계형 키즈폰을 초등학교 1학년부터 2학년까지 사용했습니다. 손목시계형이라 분실 위험이 적고 음성 인식으로 "아빠에게 전화 걸어줘"와 같은 기능도 가능하니 저학년이 사용하기 수월합니다. 간혹 목걸이형으로 쓰는 친구들도 있지만 활동을 하다 보면 위험할 수 있어 추천하고 싶지 않습니다.

많은 분들이 휴대폰을 아이들에게 주는 게 위험하다고 생각하시지만 완전히 차단하는 게 실질적으로 가능할까라는 의문이 있습니다. 그보다는 사용법을 정확히 익히고 제대로 활용하는 것이 더 옳지 않을까라는 생각이 듭니다. 저희 아이는 앞서 말씀드렸던 것처럼 초등학교 2학년까지는 손목시계형 키즈폰을 사용하고 3학년 때 제가 쓰다가 해지해 둔 스마트폰으로 바꿔주었습니다. 이때 구글 패밀리 링크로 아이의 앱 설치와 활용을 통제했고 네이버 등 포털 사이트의 뉴스, 자동 완성 등 모든 기능을 없애 단어를 직접 써야만 검색이 가능하도록 했습니다. 카카오톡 같은 메신저의 경우 가족이 쓰는 아이패드와 컴퓨터에도 설치해서 아이들 사이에 주고받는 내용을 점검했지요.

결론적으로 말하자면 초등학교 입학 때문에 휴대폰이 꼭 필요한 것은 아닙니다. 급한 상황이라면 당연히 담당 교사가 부모님께 직접 연락을 드리기 때문이지요. 따라서 각 가정마다 처한 상황, 즉 맞벌이 여부와 아이의 동선을 잘 고려하신 뒤 휴대폰 사용 여부를 결정하는 게 좋습니다.

Chapter 2

입학 전까지 알아야 하는

필수 정보

취학통지서

큰아이의 취학통지서를 받던 날이 아직도 생생하게 떠오릅니다. 제가 학부모가 된다니 너무나도 신기했지요. 휴대폰 메신저 프로필 사진에 자랑스럽게 올려놓았던 것도 기억납니다. 과거에는 동네 통반장이 집집마다 돌아다니며 직접 취학통지서를 나눠주었지만 이제는 온라인으로도 발급받을 수 있습니다. 이때 받은 취학통지서는 입학 전 학교별로 진행되는 예비소집일에 제출해야 하므로 잘 보관하시길 바랍니다. 만약 분실할 경우 행정복지센터에서 재발급할 수 있습니다.

온라인 취학통지서 발급 방법

1. 온라인 취학통지서 열람 및 발급 기간을 확인합니다(2025년 입

학 예정 아동은 2024년 12월 2일부터 20일까지 발급 가능).

2. 정부24 홈페이지(www.gov.kr)에 접속합니다.

3. 로그인을 한 뒤 취학통지서 온라인 신청을 검색해 발급 버튼을 누릅니다.

4. 지역을 설정하고 취학 아동의 정보를 입력한 뒤 민원 신청하기 버튼을 누릅니다.

5. 개인 인증 후 문서를 출력 또는 열람할 수 있습니다.

우리 아이가 어느 학교로 가게 되는지 잘 모르겠다면 학구도 안내 서비스(schoolzon.emac.kr)를 활용하시면 됩니다. 교육부와 시·도

💡 지역에 따른 초등학교 배정 예시

교육청 위탁을 받아 지방교육재정연구원에서 운영·관리하는 사이트로 주소만 넣으면 취학하게 될 학교명이 나옵니다. 간혹 같은 아파트여도 동에 따라 다른 초등학교에 배정되는 경우도 있으니 미리 확인해 보시길 추천합니다.

2025년 초등학교 취학 대상 아동은 2018년 1월 1일에서 12월 31일 사이에 출생한 아이들로 2024년 10월 1일을 기준으로 취학통지서가 작성됩니다. 2023년 6월 28일 만 나이 통일법에 따라 우리 아이 초등 입학 시기가 어떻게 되는지 궁금하다는 질문이 많은데요. 종전처럼 만 6세가 된 이후 3월 1일에 입학을 하기 때문에 달라지는 것은 없습니다.

만약 취학통지서가 작성되는 10월 1일과 이듬해 3월 사이에 이사가 예정되어 있다면 이사 갈 곳의 행정복지센터에 미리 알려야 합니다. 또 기존에 배정 받은 학교에도 다른 학교로 입학한다는 사실을 알린 뒤 기존에 받은 취학통지서를 새로 입학할 학교에 제출하면 됩니다. 한 가지 주의할 점은 입학 인원에 따라 학급 수 배정을 받기 때문에 선호하는 학군지가 있을 경우 10월 1일 전에 전입을 완료하는 것이 좋습니다.

요즘에는 드문 일이기는 하지만 입학 연기와 조기 입학을 희망하는 경우에도 10월 1일에서 12월 31일까지 신청할 수 있습니다.

 취학통지서 예시(지역마다 조금씩 다름)

취학통지서
(학교제출용)

발행번호 :

취학아동 성명			
주 민 등 록 번 호			
주 소			
취 학 가 능 초 등 학 교	통학구역	단일학구 □	공동학구 □
예비소집 기간			
입 학 일 시			
보 호 자 성 명			
보 호 자 연 락 처 * 직 접 작 성	구분	관계	전화번호
	보호자1		
	보호자2		

[개인정보 활용 동의]

1. 개인정보의 수집·이용 목적 : 취학대상아동 정보확인
2. 수집·이용할 개인정보의 항목 : 보호자 연락처
3. 개인정보의 보유 및 이용기간 : 입학 전
* 정보주체는 해당 개인정보 수집 및 이용 동의에 대한 거부 권리가 있습니다.

개인정보의 수집·이용에 대한 동의   동의함 □   동의하지 않음 □

위 동의인   (서명)

위 아동은 초·중등교육법 제 13조에 의하여 위 학교에 배정되었으니, 보호자는 본 통지서를 지참하여 취학 가능 학교과 예비소집에 취학 예정 아동과 함께 참석하여 주시기 바랍니다.

2024년 12월 01일
○○동장

* 특별한 사유없이 기일 내에 취학하지 않을 때에는 초·중등교육법 제 68조에 의하여 보호자는 처벌을 받게 됩니다.
* 공지하여 드린 예비소집일에 참석하지 못한 경우, 취학하려는 학교로 문의하여 주시기 바랍니다.

아이 관련 서류 및 생활습관
잘 챙기는 꿀팁

아이가 초등학교에 입학하면서부터 챙겨야 할 서류들이 많아집니다. 연초에 안내되었는데도 '방학이 언제지? 체험학습이 며칠이더라? 재량휴업일이 있었나? 수요일은 몇 시에 끝났지?'처럼 사소하지만 계속 확인해야 되는 것들이 생겨나지요. 아래 리스트를 참고해 미리 챙겨두시길 바랍니다.

매일	일주일	한 달 또는 학기	일 년
알림장	받아쓰기	학기별 시정표 (수업 시간)	학사일정
ㄴ자 파일 (아이가 가방에 넣고 다닙니다)	주제 글쓰기 또는 일기	상시평가 계획	학년, 반, 번호, 담임 선생님 성함
필기구 상태	독서록	키와 몸무게	교외체험학습 신청서 및 보고서
	실내화 점검		결석계
			상장, 수료증, 검사 결과표 등

학사일정과 시정표는 인쇄해서 가장 위에 아이의 학년, 반, 번호, 담임 선생님 성함을 기록한 뒤 냉장고에 붙여 놓고 사진으로 찍어서 즐겨찾기해 놓습니다. 요일별 끝나는 시간은 아이가 매일 확인하는 알림장 맨 앞 페이지에도 적어주면 좋습니다.

학교장 교외체험학습 신청서와 결석계 양식은 '2025년 ○○(아이 이름) 관련 서류'라는 제목의 폴더를 만들어 저장해 둡니다. 급작스럽게 필요할 경우를 대비해 서류는 2부 정도씩 인쇄해 놓습니다.

여름 방학, 겨울 방학, 재량휴업일 등은 달력 어플에 미리 표시해 둡니다.

학기별 상시평가 계획은 받는 대로 아이 책상 앞에 붙여놓습니다.

추천 도서 목록은 공책 크기에 맞게 잘라서 독서록 맨 뒤에 붙이고 아이가 독서록을 쓰면 표시를 해 얼마나 읽었는지 확인할 수 있도록 합니다.

제출해야 되는 서류는 L자 파일에 넣어 등교 후 바로 선생님에게 드릴 수 있도록 합니다. 클리어 파일을 넉넉하게 준비해 아이의 상장, 수료증, 통지표 등 아이의 포트폴리오를 위한 내용으로 모아두고 다른 곳에는 아이가 쓴 편지, 예쁜 그림 등 창작물을 보관합니다.

그 외에도 아이의 올바른 생활습관을 위해 양치와 샤워, 필통 및 필기도구 상태를 매일 확인해 주세요. 실내화는 일주일에 한 번씩 깨끗하게 빨아 주시고 한 달 단위로 아이의 키와 몸무게를 기록해 두면 아이의 성장 발달 상황을 체크하는 데 도움이 된답니다.

달력 앱에 기입해 두기

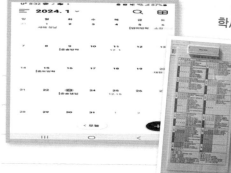

**매년 붙여놓는
학사일정 및 시정표**

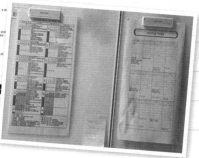

아이의 포트폴리오 관련 클리어 파일 모음

아이의 추억 관련 클리어 파일 모음

예비소집일

예비소집일은 보통 1월 초부터 진행하는데, 지역에 따라 다를 수 있으니 미리 확인해 주세요. 예비소집일은 취학통지서에서 적혀 있습니다. 1, 2차 두 차례에 걸쳐 진행하는 경우가 많으니 가능한 날짜와 시간에 참석하면 됩니다. 코로나 시국에서는 화상 회의 등 비대면으로 진행하기도 했지만 2023년부터는 대면으로 거의 전환되었습니다.

예비소집일에 해당 학교에 가서 취학통지서를 제출하면 아동 명부를 대조하고 아이의 신원과 상태를 확인합니다(아동 학대 등과 관련하여 예비소집일에 아동의 참석이 필수로 바뀌었습니다). 이후 입학 안내문 등 각종 서류를 받으면 예비소집일은 끝이 납니다.

간혹 '별거 아니네' 하고 가지 않아도 된다고 생각하는 분들이 있지만 정해진 학교 일정과 행사에 원칙을 지켜서 참석하는 것은 학부모의 기본 의무이자 책임이라고 생각합니다. 이렇게 필요한 절차들을 개인의 판단으로 무시하고 넘기는 것이 아니라, 존중하는 자세가 필요한 것이지요. 피치 못할 사정이 있는 경우가 아니라면 학교에서 주최하는 공식 일정은 정해진 날짜에 맞추어 참여하시는 게 좋습니다.

예비소집일에 받게 되는 서류의 종류

*학교마다 차이가 있을 수 있음

1. 2025학년도 신입생 학교 생활 안내 자료: 신입생 환영문 및 학교에 대한 전반적인 안내서

2. 개인 정보 활용 동의서: 아이 관련 정보 사용에 대한 동의서로 입학식날 선생님께 제출

3. 건강 조사 및 응급 환자 관리 동의서: 알레르기 및 아동 관련 건강 사항에 대한 내용 기입, 응급 상황시 학교 매뉴얼에 따라 진행하는 것에 대한 동의서로 입학식날 선생님께 제출

4. 수익자 부담 경비 납부 방법 신청 출금 동의 안내: 현장체험학습, 방과 후 학교 교육비 등과 관련된 출금 동의서로 계좌번호 작성 및 동의 후 입학식날 선생님께 제출

5. 학생 기초 조사서: 학부모 연락처, 집 주소 등 아동에 관한 기본 조사 내용과 담임 선생님에게 전할 말 등을 적어 입학식날 선생님께 제출

6. 2025학년도 돌봄교실 참가 신청서: 돌봄교실을 신청할 경우 신청서 작성 후 해당 날짜에 맞춰 제출

7. 교육 급여 및 교육비 지원 안내장: 중위소득 50퍼센트 이하 저소득층 가정에 교육비를 지원하는 안내문으로 해당자는 복지로(www.bokjiro.go.kr)나 교육비 원클릭 사이트(oneclick.neis.go.kr)에서 별도 확인 가능

8. 방과 후 학교 프로그램: 정규 수업 이후 진행되는 프로그램에 대한 안내장으로 신청은 별도 안내에 따름

9. 취학 전 예방접종 확인 안내: 질병관리청 예방접종도우미(nip.kdca.go.kr)에서 점검 후 작성. 초등 입학 전 완료해야 하는 필수 접종은 DTP(디프테리아, 백일해, 파상풍) 5차, IPV(소아마비) 4차, MMR(홍역, 유행성이하선염, 풍진) 2차, 일본뇌염(불활성화 백신 4차 또는 약독화 생백신 2차)임

초등학교 입학 절차

별도의 추첨이 이루어지는 국립초등학교와 사립초등학교를 제외한 대부분의 공립초등학교는 다음의 순서에 의거해서 입학이 이루어집니다.

1. 취학통지서 배부(10월 1일 기준으로 10월 31일까지 거주 아동의 취학명부 작성 후 12월 20일까지 취학 통지)
2. 취학통지서 수령(정부24 온라인 취학통지서 발급 서비스 신청 및 출력 또는 읍·면·동 인편 혹은 우편물 수령)
3. 예비소집일(학교별 소집일에 맞추어 아이와 함께 학교 방문)
4. 입학식(2025년 기준 3월 4일)

참고로 국립초등학교는 국가가 설립, 경영하는 학교 또는 국립 대학법인이 부설하여 경영하는 학교로 전국에 17개가 있습니다. 사립초등학교는 개인이나 사법인이, 공립초등학교는 지방 자치 단체가 설립해 관리, 운영하는 초등학교로 우리나라 대부분의 초등학교가 여기에 속합니다.

추첨을 통해 학생을 뽑는 학교의 경우는 대부분 10월에서 11월 중 입학원서를 교부하고 11월 말경에 추첨합니다. 지인의 경우 사립초등학교에 보내기 위해 두 번을 시도했으나 모두 추첨에서 떨어진 일도 있었기 때문에 떨어진 이후 어떻게 할 것인지를 사전에 계획해 두길 바랍니다.

대안학교, 특수학교, 외국인학교, 국제학교의 경우는 개인적으로 자신이 희망하는 학교 홈페이지를 살펴서 입학전형에 맞게 준비해야 합니다. 이런 학교의 진학을 희망하는 경우 해당 홈페이지와 커뮤니티를 중심으로 충분히 알아본 후 아이의 성향과 부모의 교육관에 의거해서 결정하시길 바랍니다.

실제로 대안학교를 선택해서 다니다가 기존에 기대했던 커리큘럼과는 달라 뒤늦게 공립학교로 전학하는 경우도 여럿 보았습니다. 또 대안학교는 적은 인원으로 운영되기 때문에 교우 관계에 문제가 생겼을 때 더 힘들어하는 경우도 있습니다. 학부모의 의무 참여 범위, 학비, 상급학교 진학 관련 내용, 교육과정 인정 여부, 해외 유학 등 학교 운영과 진로에 대한 부분까지도 꼼꼼하게 확인하셔야 합니다.

최근 어학연수 및 유학 관련으로 관심이 높은 국제학교는 '외국 교육기관 및 외국인학교 종합 안내' 사이트(www.isi.go.kr)에서 학교 목록을 확인할 수 있습니다. 이곳에 등록되어 있지 않은 비인가 시설인 경우 교육지원청의 관리, 감독을 받지 않아 피해를 입을 수 있으니 주의하시기 바랍니다.

1학년 기본 일과

　현재 초등학교 1학년 수업은 4교시와 5교시로 나누어서 진행되고 있습니다. 학교마다 요일별 수업 시수의 차이는 있을 수 있지만 법정 수업일이 190일 이상 되어야 하고 860~890시간의 수업을 들어야 합니다. 때로는 단축 수업이 있거나 요일별로 시수가 다를 수 있으니 주간학습 안내를 반드시 잘 살펴보아야 합니다.

　과거에는 기본 시간표를 기준으로 운영되었지만, 지금은 연간 법정 수업 시수를 따르기 때문에 학교별 운영 계획에 따라 시간표가 달라질 수 있습니다. 예를 들어 법정 휴일이 많거나 교과 외 활동이 많은 경우, 1학년의 주간 기준 교과 시간이 23시간에서 24시간으로 늘어날 수 있습니다. 반대로 법정 수업 시수를 넉넉하게 채웠다면, 5교시에서 4교시로 단축 수업을 진행하기도 합니다.

1학년은 대부분 일주일에 두 번은 4교시, 세 번은 5교시 후 하교하게 됩니다. 4교시 후 급식을 먹고 하교하면 대략 12시 30분, 5교시가 있는 날은 1시 30분 내외가 됩니다.

하교 후 남은 시간을 어떻게 보내야 할지 고민된다면 방과 후 수업을 한두 개 신청하는 것도 좋습니다. 이때 아이가 방과 후 교실을 제대로 찾아갈 수 있도록 알림장 맨 앞에 학교 배치도를 붙여주면 도움이 됩니다.

·☼· 1학년 기본 시간표 예시(학급마다 다를 수 있음)

요일 교시	월	화	수	목	금
1	국어	수학	국어	창체	창체
2	국어	수학	국어	수학	국어
3	통합	국어	통합	수학	통합
4	통합	통합	통합	창체	통합
5		통합	통합		통합
초등학교 1학년 교과 구성: 국어(국어, 국어활동), 수학(수학,수학익힘), 통합교과					

40분 수업을 하고 10분씩 쉬는 기본 시간표 대신 블록타임제를 운영하는 학교도 있습니다.

기존의 수업 시간이 정해진 과제를 수행하는 데 빠듯하고 학습 목표를 달성하지 못한 채 마무리되는 경우가 많아 이런 단점을 보완하고자 한 것이 블록타임제입니다. 수업 시간을 블록화해서 한 과목에 더 집중하고 심층적인 수업을 진행하는 것이 블록타임제의 목적이지요. 두 시간씩 묶어서 수업을 하고 쉬는 시간을 길게 가짐으로써 놀이시간을 마련할 수 있는 것은 물론이고 연속성이 있거나 다양한 활동이 필요한 경우 충분한 수업 시간을 확보함으로써 효율적인 학습 효과를 거둘 수 있다는 장점이 있습니다. 다만 1학년 아이들이 집중하기에 두 시간은 다소 무리라는 지적과 함께 한 교시 수업 이후 특별 활동을 위해 교실을 옮겨야 되는 경우, 수업 시간이 낭비된다는 단점도 있습니다.

기본 시간표와 블록타임제 모두 장단이 있기 때문에 어느 쪽이 좋다고 말하기는 어렵습니다. 다만 우리 아이가 가게 될 학교가 어떤 시스템을 채택하여 운영하고 있는지 알아볼 필요는 있겠지요. 아이가 학교 생활에 잘 적응할 수 있도록 돕는 게 부모의 역할일 테니까요.

 기본 시간표 운영 예시    블록타임제 운영 예시

일과	시간
등교	08:40~08:55
1교시	09:00~09:40
2교시	09:50~10:30
3교시	10:40~11:20
4교시	11:30~12:10
급식	12:10~13:00
5교시	13:00~13:40

일과	시간
등교	08:40~08:55
1,2교시	09:00~10:20
중간놀이	10:20~10:40
3,4교시	10:40~12:00
급식	12:00~13:00
5교시	13:00~13:40

늘봄교육으로 통합

초등학교 1학년의 3월 하교 풍경은 시끌벅적합니다. "돌봄에 가야 되는 사람?", "방과 후 가야 되는 사람?", "집으로 가는 사람?" 일일이 확인을 해도 방과 후 수업을 가야 하는데 금세 까먹고 집으로 가버리는 친구들도 많습니다. 그렇지만 너무 걱정하실 필요는 없습니다. 한두 번 헷갈리긴 해도 대부분의 아이들이 한 달 정도가 지나면 금방 적응하니까요.

방과 후 수업은 희망자만 신청하면 됩니다. 교내에서 운영하기 때문에 안전하고 교육비가 저렴한 것이 가장 큰 장점입니다. 다만 많은 수의 아이들을 한꺼번에 챙겨야 하기 때문에 개인별 맞춤 수업을 희망하는 경우에는 선택하지 않는 게 좋습니다.

맞벌이 등으로 돌봄이 필요한 경우에는 돌봄교실을 신청합니다. 돌봄은 오후 돌봄과 저녁 돌봄으로 나뉘며 오후 8시까지 운영됩니다. 신청자가 많은 경우 저소득층, 한부모 가정, 맞벌이 가정 순으로 추첨이 진행됩니다. 추첨에 떨어지더라도 중간에 합격자가 입소를 취소하거나 학원 등으로 스케줄을 바꾸면서 공석이 생기는 경우가 있으니 필요한 경우 대기를 걸어두면 됩니다.

-☼- 돌봄교실 제출 서류 예시(학교마다 다를 수 있음)

대상	해당 증빙서류	대상		해당 증빙서류
저소득 가정	국민기초생활수급대상자, 법정차상위계층 등으로 주민자치센터에서 해당 여부 확인 후 관련 서류 제출	맞벌이 · 한부모 가정	4대보험 가입자	- 재직증명서 - 건강보험자격득실 확인서 건강보험납입확인서 중 택1
다문화 가정	- 학생의 가족관계증명서 (부모의 가족관계증명서 미인정) - 부모 중 1인의 외국인 등록증 (또는 외국인 등록 사실 증명서, 외국인 거소 사실 증명서) - 재직증명서, 건강보험납입확인서 각 1부		프리랜서, 4대보험 미가입자	- 재직증명서, 근로계약서 중 택1 - 고용임금확인서, 소득세납세증명서, 근로소득원천징수영수증, 소득금액증명원 중 택1 - 3개월 급여 이체통장 사본 1부
조손 가정	- 학생의 가족관계증명서 (조부모의 가족관계증명서 미인정)		자영업자	- 사업자등록증 1부 - 소득금액증명원, 부가가치세 과세표준 증명원 중 택1
공통제출서류		- 돌봄교실 참가 희망서 - 주민등록등본 또는 가족관계증명서 1부 (한부모 가정의 경우 혼인관계증명서 1부)		

돌봄교실은 담당 선생님의 지도하에 학습지를 풀기도 하고 독서, 영어, 줄넘기, 전래놀이 등 다양한 외부 강사 수업으로 진행되는 게 보편적입니다. 보통 두 학년이 함께 모여 생활하며, 하루 2천 원 정도의 비용으로 양질의 간식도 제공됩니다.

💡 돌봄교실 운영 예시

요일 시간	월	화	수	목	금
~13:00	출석 확인, 소지품 정리, 양치질하기				
13:00~13:30	알림장 확인, 과제 수행, 방과 후 수업 이동 등				
13:30~14:30	체육활동	미술활동	북아트 활동	음악활동	조형활동
14:30~15:00 (간식)	빵, 주스	수제간식, 유산균 음료	떡, 음료	수제간식, 주스	제철과일, 쿠키
15:00~16:00	안전활동	신체활동	전래놀이 활동	게임활동	교구활동
16:00~17:00	자유선택활동: 독서, 레고, 카프라, 보드게임, 블록놀이 등				
17:00~19:00	EBS 시청 및 개별 활동, 귀가 지도(보호자 동행 원칙)				

제 경우 큰아이는 돌봄교실 추첨에 합격해서 1년간 다녔고 둘째 아이는 추첨에 떨어져서 방과 후 수업과 학원을 활용했습니다. 태권도 사범님이 하교 시간에 맞춰 교문에서 기다린 뒤 아이를 직접 데려가주셔서 안심이 되었지요.

말씀드린 것처럼 돌봄교실과 방과 후 수업은 학원이 아닙니다. 실제로 제가 돌봄교실 업무를 맡았을 때 자녀의 학업 향상을 위해 개인별 수업을 원하는 분이 계셨는데, 이는 현실적으로 불가능합니다. 방과 후 수업도 마찬가지입니다. 개인별 성취에 따라 다양한 학습 환경을 제공하는 학원과는 차이가 있으니, 이런 점을 미리 고려한 뒤 선택하는 게 후회를 줄이는 길입니다. 우리 아이들이 입학하는 시점에는 2024년부터 시작된 늘봄학교가 자리잡게 될 것입니다. 희망하는 학생은 누구나 이용할 수 있고 정규 수업 전후, 최대 저녁 8시까지 이용할 수 있게 정부에서 지원하고 있습니다. 모든 프로그램은 무료로 진행되며 부모님들은 아이를 마음 놓고 맡길 수 있도록 더욱 확대 운영될 예정입니다.

하지만 과연 이것이 아이들을 위한 길인지는 저 또한 다시 생각하게 됩니다. 아무리 선생님이 편안하게 해준다고 해도 학교와 가정은 엄연히 다르기 때문이지요. 부모가 사회생활과 육아를 병행할 수 있는 사회적 제도가 하루빨리 정착되길 바라 봅니다.

입학 준비

우리나라의 모든 학교는 3월 2일에 입학식과 시업식을 합니다(해당일이 주말 또는 공휴일인 경우 그다음 날에 진행). 2~6학년은 기존대로 등교 후 9시에 시업식을 진행하고 1학년은 정해진 시간(대부분 10시)에 입학식을 합니다.

입학식 당일에는 제출해야 되는 서류들(예비소집일에 받은 서류입니다), 책가방, 실내화 주머니(실내화 포함)를 준비합니다. 입학식은 대체로 국민의례 후 담임 선생님 소개와 교장 선생님의 인사말로 이루어집니다. 입학식이 끝나면 해당 교실로 이동하게 되는데, 좁은 교실에 많은 사람들이 몰려 혼잡하기 때문에 다른 가족들을 배려하는 자세가 필요합니다. 아이들이 어른들의 모습을 보고 배운다는 걸 기억해 주세요.

아이들은 교실에 모여 담임 선생님과 인사를 나누고 학교에서 준비한 입학 선물을 받은 뒤 하교하게 됩니다.

간혹 너무 의욕이 앞서서 교실 이곳저곳을 둘러본다거나 아이에 대해 상담을 진행하려는 분도 계십니다만 이날만큼은 자제해 주시길 부탁드립니다. 우리 아이만의 선생님이 아니랍니다. 아울러 혹시라도 선물을 가져가는 것은 절대 안 되니 기억해 주세요.

집에 돌아가면 입학식날 배부되는 주간학습 안내에 따라 필요한 준비물을 챙기도록 합니다. 이때 선생님마다 조금씩 차이가 있을 수 있으니 구체적인 안내를 받고 구매하시기 바랍니다. 일반적인 준비물을 간략히 소개하면 다음과 같습니다.

1. 미리 챙겨놓을 것들: 필통(연필, 지우개, 자, 네임펜 등), 가위, 풀, 셀로판테이프
2. 선생님 설명을 듣고 준비할 것: 색연필 12색 이상, 사인펜 12색 이상, 종합장, 10칸 공책, L자 파일, 클리어 파일, 물티슈 또는 휴지, 여분 마스크 등

때로 청소도구, 서랍 바구니, 책꽂이, 책상 옆에 걸 보조 가방을 준비하도록 하는 분들도 계시니 학급별로 배부되는 안내장을 반드시 확인하시길 바랍니다.

읽기, 쓰기, 셈하기

리터러시(Literacy)라는 용어를 아시나요? 리터러시란 문자화된 기록물을 통해 지식과 정보를 획득하고 이해할 수 있는 능력, 즉 읽기, 쓰기, 셈하기를 말합니다.

이 세 가지는 공교육에서 진행하는 일반적인 학습을 수행하는 데 꼭 필요한 요소입니다. 초등학교 3학년이 되면 이 능력을 점검하기 위해 기초학력진단평가라는 이름으로 읽고 쓰고 셈하기를 평가합니다. 진단평가(학기 초 학생의 종합적인 면을 진단하기 위한 평가)와 더불어 진행하는 경우가 많은데 보통 3월 중순에 실시합니다. 기초학력진단평가 기준 점수에 도달하지 못할 경우 교육청에 명단이 보고되고 담임 지도하에 보충 학습(방과 후 지도, 과제 수행, 교육청 연계 학습 지원 등)이 진행됩니다.

1, 2학년을 지내며 학습을 따라가는 데 별다른 어려움이 없었던 친구라면 크게 걱정하지 않으셔도 됩니다. 통과된 친구들의 경우 선생님께서 따로 연락을 주지 않는다는 것도 기억해 주세요.

우리 아이가 어느 정도의 기초학력을 가졌는지 궁금하시다면 교육부 국가

기초학력 향상 지원 사이트(https://k-basics.org)에서 확인하시기 바랍니다.

🔅 교육부 국가 기초학력 향상 지원 사이트

다음은 일반적인 1학년 아동의 특성과 교육과정에 어떻게 반영되고 있는
지를 도표로 나타낸 것입니다. 가정 내에서 아이의 모습을 잘 관찰하고 발
달에 이상이 없는지 체크함과 동시에 어떤 지도가 필요할지도 함께 점검
해 보시기 바랍니다.

일반적인 1학년 아동의 특성과 교육과정 반영 내용

구분	일반적인 특성	교육과정 반영 내용
지적 발달	– 호기심이 많아 질문이 많음 – 자신의 수준보다 어려운 일을 선택하고는 좌절감을 느낌 – 구체적 조작활동을 통한 숫자 놀이를 좋아함 – 규칙에 따라 행동하기를 좋아함 – 과거와 미래에 관심이 많음 – 추론과 분류하기를 시작함	– 기초학력 정착(한글 미해득 학생 개별 지도) – 개인별, 능력별 과제 제시 – 그림일기 쓰기와 독서 지도 – 발표력과 받아쓰기의 꾸준한 지도 – 문제 해결력을 높이기 위한 구체적인 활동 – 방과 후 학교 교육 활성화 – 학생 중심의 다양한 활동 실시
정서적 발달	– 정서의 지속 시간이 짧고 강렬하며 자주 변하여 동일한 작업에서 집중도가 떨어짐 – 게임에서 지는 것을 싫어하며 감정 조절이 어느 정도 가능함 – 격려 받는 것을 좋아하는 반면 틀린 것에 대해서 인정하기 싫어함 – 성취한 것에 대하여 자부심을 느낌	– 지속적인 기본 예절과 절약정신의 습관화 – 자기의 물건에 이름 쓰기 지도 – 기본 생활습관 계속 지도 – 간단한 역할 분담 활동을 통한 참여 의식 높임 – 친교 활동을 통한 협동심 기르기 – 칭찬 릴레이 실시

사회적 발달	- 놀이 집단의 규모가 확대되며 혼자만의 놀이에서 벗어나 협동적이고 또래집단의 놀이를 즐김 - 경쟁력이 강하고 잘 싸우나 금방 풀어짐 - 친구의 잘못을 교사에게 말하기를 좋아함 - 교사가 만든 규칙 지키기를 좋아함	- 친교활동을 통한 협동심 증진 - 능력별 적정 과제 제시 - 규칙적인 생활습관 실천 지도 - 주의 집중 놀이 지도 - 바른 자세로 듣기 지도 - 자율독서 수련 및 1인 1기 취미 활동 조성 - 가정과 학교의 연계지도 필요
신체적 발달	- 유치를 갈기 시작하며 운동 기능의 발달로 장난이 심해짐 - 연필 쥐는 것을 힘들어함(연필 잡는 자세가 바르지 못한 아동이 더러 있음) - 구체물을 이용한 조작 활동을 좋아함 - 피곤을 느끼면서도 쉬는 것을 좋아하지 않음	- 바른 학습 태도 형성 - 소근육 운동 지도 - 충치 예방 - 보건 위생 지도 철저 - 기초 체력 및 기능 지도 - 달리기, 줄넘기, 훌라후프 운동 실시 - 바른 식사 습관 지도

초등학교 1학년
연간 계획표

🔅 연간 교육과정표 예시(2024년 기준)

월	주	기간	수업일수	교과운영일수	요일별 수업일수							공휴일	교육활동 내용
					일	월	화	수	목	금	토		
3	1	4~8	5	5	3	4	5	6	7	8	9		3.4(월) 입학식, 시업식 (4교시, 급식 실시)
	2	11~15	5	5	10	11	12	13	14	15	16		3.4(월)~3.8(금) 행복한 배움터
	3	18~22	5	5	17	18	19	20	21	22	23		3.5(화)~3.22(금) 진단활동주간
	4	25~29	5	5	24	25	26	27	28	29	30		3.6(수) 학교폭력예방교육
4	5	1~5	5	5	31	1	2	3	4	5	6		3.20(수) 학교교육과정설명회
	6	8~12	4	4	7	8	9	10	11	12	13	4.10(수) 22대 국회의원 선거	4.1(월)~4.12(금) 학부모상담주간
	7	15~19	5	5	14	15	16	17	18	19	20		4.15(월)~4.19(금) 장애인식개선주간
	8	22~26	5	5	21	22	23	24	25	26	27		4.17(수)~4.19(금) 배움축제
	9	29~3	4	4	28	29	30	1	2	3	4	5.1(수) 학교장 재량휴업일	4.18(목)~4.19(금) 과학축제

월	주	기간	수업일수	교과운영일수	요일별 수업일수							공휴일	교육활동 내용
					일	월	화	수	목	금	토		
5	10	6~10	4	4	5	6	7	8	9	10	11	5.6(월) 대체공휴일	4.30(화) 학년 체육대회 5.13(월)~5.17(금) 체격검사주간 5.21(화) 학부모 공개수업 (1교시 전담, 2교시 1,2학년, 3교시 3,4학년, 4교시 5,6학년)
	11	13~17	5	5	12	13	14	15	16	17	18	5.15(수) 부처님 오신날	
	12	20~24	5	5	19	20	21	22	23	24	25		
	13	27~31	5	5	26	27	28	29	30	31	1		
6	14	3~7	3	3	2	3	4	5	6	7	8	6.6(화) 현충일 6.7(금) 학교장 재량휴업일	6.3(월)~6.5(수) 환경교육주간 6.24(월)~6.28(금) 통일교육주간
	15	10~14	5	5	9	10	11	12	13	14	15		
	16	17~21	5	5	16	17	18	19	20	21	22		
	17	24~28	5	5	23	24	25	26	27	28	29		
7	18	1~5	5	5	30	1	2	3	4	5	6		7.19(금) 학생자치회 선거 7.26(금) 여름방학식(4교시, 급식 실시)
	19	8~12	5	5	7	8	9	10	11	12	13		
	20	15~19	5	5	14	15	16	17	18	19	20		
	21	22~26	5	5	21	22	23	24	25	26	27		
1학기소계			99	99									

여름 방학	2024.07.27 (토) ~ 2024.08.25 (일) (30 일간)

월	주	기간	수업일수	교과운영일수	요일별 수업일수							공휴일	교육활동 내용
					일	월	화	수	목	금	토		
8	1	26~30	5	5	25	26	27	28	29	30	31		8.26(월) 개학식 (4교시, 급식 실시)
	2	2~6	5	5	1	2	3	4	5	6	7		8.26(월)~8.28(수) 행복한 배움터 8.28(수) 학교폭력예방교육
9	3	9~13	5	5	8	9	10	11	12	13	14		
	4	16~20	0	0	15	16	17	18	19	20	21	9.16(월)~9.18(수) 추석 및 추석연휴 9.19(목)~9.20(금) 학교장 재량휴업일	9.23(월)~10.4(금) 학부모상담주간
	5	23~27	5	5	22	23	24	25	26	27	28		
10	6	30~4	4	4	29	30	1	2	3	4	5	10.3(목) 개천절	
	7	7~11	4	4	6	7	8	9	10	11	12	10.9(수) 한글날	10.21(월)~10.25(금) 독도사랑주간
	8	14~18	5	5	13	14	15	16	17	18	19		10.23(수)~10.25(금) 배움축제
	9	21~25	5	5	20	21	22	23	24	25	26		10.28(월)~11.1(금) 재난교육주간
	10	28~1	5	5	27	28	29	30	31	1	2		
11	11	4~8	5	5	3	4	5	6	7	8	9		
	12	11~15	5	5	10	11	12	13	14	15	16		11.18(월)~11.22(금) 장애인식개선주간
	13	18~22	5	5	17	18	19	20	21	22	23		
	14	25~29	5	5	24	25	26	27	28	29	30		
	15	2~6	5	5	1	2	3	4	5	6	7		

85

월	주	기 간	수업일수	교과운영일수	요일별 수업일수							공휴일	교육활동 내용
					일	월	화	수	목	금	토		
12	16	9~13	5	5	8	9	10	11	12	13	14		
	17	16~20	5	5	15	16	17	18	19	20	21		
	18	23~27	4	4	22	23	24	25	26	27	28	12.25(수) 성탄절	
1	19	30~3	4	4	29	30	31	1	2	3	4	1.1(수) 신정	
	20	6~10	5	5	5	6	7	8	9	10	11		1.10(금) 졸업식, 종업식 (2교시, 급식 없음)
	2학기 소계		91	91									
통계	1학기 소계		99	99									
	2학기 소계		91	91									
	총계(365일)		190	190									

겨울 방학	2025.01.11 (토) ~ 2025.02.28 (금) (49일간)

워킹맘인데 회사를 그만두어야 할까요?

초등학교 1학년 입학과 동시에 엄마의 고민이 커집니다. 아이의 학교 적응을 돕고 새로 만나는 친구들과 원활한 관계를 형성해 주기 위해 휴직이나 퇴사를 고민하지요. 그전까지는 아이 돌보미나 조부모님 등 양육자가 아이를 잘 돌보는 일로 충분했지만 초등학교에 입학하고 나면 부모의 역할이 커지기 때문입니다. 학습적인 부분은 물론이고 엄마들의 모임에도 신경이 쓰이기 마련입니다.

가능하다면 한 학기 혹은 일 년 정도 휴직을 갖는 것도 좋습니다. 특히 아이의 기질이 예민하거나 새로운 환경에 적응하기 어려워한다면 엄마의 휴직은 아이에게 안정감을 줄 수 있습니다.

만약 휴직이 어렵다면 시간제 근무 또는 유연 근무를 선택하는 것도 좋습니다. 종일제 근무에서 반일제 근무로 변경하고 해당 시간에 직접 픽업해서 청소년 수련관이나 글로벌센터, 지역 도서관 등의 수업을 듣게 하는 것도 줄어든 월급만큼 사교육비를 아낄 수 있는 방법입니다.

그러나 휴직도 유연 근무도 어려운 상황이라면 죄책감을 갖지 말고 최선을 다하면 됩니다. 돌봄교실과 방과후 수업, 지역아동센터를 충분히 활용하고 일정한 스케줄을 만들어주는 것이 좋습니다. "업무 외 시간은 늘 네가 1순위야"라는 진심을 보여주면 함께 있는 시간이 부족한 것만으로 불안해하지 않습니다. 물론 퇴근 후에는 아이에게 집중하는 것이 좋습니다.

저의 경우는 1년만 육아휴직을 하고 계속 근무를 했습니다. 감사하게도 양가 부모님의 도움을 많이 받았습니다. 그럼에도 불구하고 워킹맘으로 사는 건 쉽지 않았습니다. 퇴근이 늦으니 아이는 다섯 살부터 태권도 학원에 다녀야 했고, 학교에 입학해서도 돌봄교실 후 추가로 학원을 다녀서 귀가 시간을 제 퇴근에 맞춰야 했으니까요. 정말 급할 때는 태권도 학원 사범님께 말씀드려서 두 시간씩 수업을 해야 하는 경우도 있었습니다. 아이의 간식을 챙겨줄 수 없으니, 아이가 배고플 때 언제라도 들러서 허기를 달랠 수 있도록 동네 분식점 사장님과도 미리 친분을 쌓아두었습니다. 쉽지 않은 여정이었지만 그 과정에서 저도, 아이도 최선을 다했다고 생각합니다.

솔직히 지금까지도 무엇이 정답인지 알지 못합니다. 일을 그만두고 아이와 즐거운 추억을 쌓는 것도 중요하지만 단절된 경력 탓에 어려움을 겪는 경우도 많이 보았습니다. 현실적으로 몇 년의 공백 후 기존에 근무했던 조건으로 돌아가는 건 힘든 일이니까요.

제가 드릴 수 있는 최선의 조언은 어느 것을 선택하든 과한 죄책감과 아쉬움에 시달리지 않으셨으면 좋겠다는 것입니다. 직장을 그만두고 아이와 즐거운 추억을 쌓든, 일하는 엄마로 살아가든 모두 존중되어야 한다고 생각합니다. 다만 워킹맘이 일과 가정에서 양립할 수 있도록 정부의 다양한 지원이 마련되어야 한다는 점에는 이견이 없을 것입니다. 휴직과 복직이 유연하게 적용될 수 있는 시스템이 하루빨리 정착되기를 희망합니다.

Chapter 3

초등학교 1학년은

이렇게 지내요

봄 : 3∿5월 적응기

만물이 소생하는 봄을 맞아 아이들도 새롭게 시작합니다. 유치원과 어린이집에서의 앳된 모습을 벗고 초등학생이 되기 위해 무척 노력하지요. 아직은 서툴고 어색한 것들이 많지만 응원하고 격려해 주는 선생님과 부모님 사이에서 아이들이 안정을 찾는 시기입니다. 단단하게 뿌리내릴 수 있도록 우리 아이를 조금만 여유 있게 지켜봐주세요.

입학식

아이가 처음으로 학교에 입학하는 3월입니다. 학교에서도 가장 중요한 행사 중 하나로 여길 만큼 신입생 입학식은 모든 선생님들에게 관심의 대상입니다. 교장, 교감 선생님과 1학년 각 반 담임 선생님, 행사를 돕는 전담(담임 교사가 아닌 해당 과목만 가르치는 교사) 선생님과 실무사님(학교의 업무를 도와주시는 선생님), 교무부장 선생님(학교의 일을 도맡는 부장 선생님), 배움터지킴이(아이들의 안전을 살펴주시는 선생님) 등 협력 가능한 학교 인력이 모두 투입됩니다. 부모님들과 아이들의 행복한 입학을 위해서 입학 선물부터 당일 안내까지 꼼꼼하게 준비하지요.

입학식은 집안 내에서 경사스러운 행사다 보니 부모님은 물론 조부모님까지 오시는 경우가 많아서 발 디딜 틈 없이 북적입니다. 큰 강당과 시청각실이 있는 학교는 입학식을 해당 장소에서 하기도 하지만 교실에서 진행하는 경우도 많으니 당일은 혼잡하다는 것을 미리 알아두시면 좋겠습니다. 특별한 일이 없는 경우 한 시간 내외면 입학식 행사는 끝이 납니다.

간혹 반 편성이 어떻게 이루어지느냐는 질문을 하시는데요. 선생님들도 아이들만큼이나 떨리는 게 학급 배정입니다. 1학년 아이들에 대해서는 사전 지식이 전혀 없는 상황이기 때문에 선생님들 역시 학부모님들만큼이나 기대와 걱정으로 가득하지요. 1학년의

경우 주소지와 태어난 달, 남녀 인원수를 고려해 반 편성을 하고, 1
년 동안 선생님들이 아이들과 보내며 쌓은 여러 유의미한 정보들,
즉 교우 관계, 학업 수준, 생활 태도 등을 참고해 다음 해 2학년 반
배정에 활용합니다.

저 역시 큰아이의 입학식이 다가오자 마음 설렜던 기억이 납니
다. 아이의 입학식만큼은 꼭 참석하고 싶다는 생각에 해당년도에
전담 교사를 지원한 뒤 학교에 양해를 구하고 다녀왔었지요.
첫 아이다 보니 양가 어른들이 함께 축하해 주셨고 점심 식사도
즐겁게 했는데 그날 저녁 아이와 제가 배탈이 나고 말았습니다. 아
마도 너무 긴장했던 탓이었나 봅니다. 결국 아이는 입학식 다음 날
어쩔 수 없이 결석을 해야 했고요. 오랜 시간 학교에서 근무하면서
수많은 입학식을 지켜봤지만 내 아이는 역시 다르구나 하고 실감
했습니다.

부모님의 손을 잡고 서툴게 실내화를 갈아신으며 학교로 내딛은
아이의 첫걸음을 잘 기억해 주세요. 그리고 이제부터 스스로 해나
갈 아이의 앞날을 격려하고 응원해 주시기 바랍니다.

진단평가

1학년에는 대부분 시험을 보지 않습니다. 다만 아이를 전반적으로 평가는 합니다. 혹시 학업을 수행함에 있어서 신체적, 정서적, 인지적 어려움은 없는지, 구체적 조작 활동에 어려움은 없는지, 교우관계가 원활한지 등을 전반적으로 살피는 진단평가 주간이 있습니다. 이때 선생님들은 다양한 방법으로 아이를 파악합니다.

1, 2학년 때 기본적인 읽기, 쓰기, 셈하기를 배우고 3학년이 되면 3R(읽기, 쓰기, 셈하기) 검사를 실시하는데 이때 점수가 미달되면 기초 부진 학생으로 보고되고 담임 교사 책임제로 1년간 지도하게 됩니다. 교과 부진은 국어, 수학, 사회, 과학, 영어 과목 등에서 일정 점수에 이르지 못한 상태를 의미하지만 3학년에 실시하는 기초 부진은 정부에서 관리하는 것이므로 반드시 통과해야 합니다.

초등학교 1학년 아이에게 공부에 대한 스트레스를 줄 필요는 없지만 무슨 일이든 시작부터 기초를 탄탄하게 쌓는 일이 중요하기 때문에 기초 학습은 깨우칠 수 있도록 신경을 써주시는 게 좋습니다. 배우고 이루는 스스로 캠프(http://www.plasedu.org/plas)에서는 초등학교 1학년부터 학습 수준을 진단할 수 있는 다양한 문제들이 준비되어 있습니다. 아이와 함께 풀면서 부족한 점이 무엇인지 알아보시길 바랍니다.

배우고 이루는 스스로 캠프

교육과정 설명회

3월 중순 이후가 되면 학교에서는 교육과정 설명회(학부모총회)를 실시합니다. 학교의 전반적인 교육 목표부터 학사일정(학교에서 이루어지는 교육 관련 계획 일정), 필수 학부모 교육 실시 및 학교 운영 위원회와 학부모회 임원 선출이 이루어집니다. 이후 각 학급에서 담임 선생님을 만나 학급 운영 계획을 듣게 됩니다.

학부모님들 사이에는 학부모총회에 되도록 참석하지 않는 게 좋다는 이야기가 돌고는 합니다. 이때 녹색학부모회, 학부모폴리스

등 다양한 봉사활동 역할을 권유받다 보니 부담스럽다는 이유지요. 하지만 1학년이라면 그런 부담은 조금 내려놓고 꼭 다녀오시기를 권합니다.

우리 아이가 다니게 될 학교를 방문해 운영 계획을 들을 수 있는 공식적인 기회이기 때문입니다. 또한 최근에는 학부모님들의 불편을 최소화하기 위해 전교생에게 고루 배분하는 등 다양한 해결책을 모색 중이기도 합니다.

학교마다 조금 다르지만 일반적으로 학교에서 학부모활동으로 요청드리는 내용은 녹색학부모, 학부모폴리스, 책사랑학부모(도서관 봉사), 급식 검수위원 등이며 학급별로 1~2인씩 배정됩니다. 교사 입장에서 솔직히 말씀드리면 시간적 여유가 가능한 경우, 학급과 학교를 위해 봉사하는 마음으로 기꺼이 참여해 주시면 감사하겠습니다.

이 외에 학급 대표, 학년 대표 등을 선발하지만 학부모님들의 부담을 줄이기 위해 학교에서는 반드시 필요한 연수와 회의 등에 한해 대표분들께 연락드리고 있습니다.

정서 행동 특성 검사

초등학교 1학년이 하는 검사 중에 학생 정서 행동 특성 검사라는 것이 있습니다. 지난 2013년부터 실시한 것으로 인지, 정서, 사회성 발달 과정의 어려움을 빠르게 발견하고 도와줄 수 있도록 도입된 검사입니다.

현재 우리나라에서는 초등학교 1학년과 4학년, 중학교 1학년, 고등학교 1학년까지 총 네 번 실시하며, 학교 생활의 어려움을 사전에 진단하고 교우 관계와 아이들의 정서적 안정 수준을 점검하는 도구로 활용되고 있습니다.

초등학생의 경우는 정서 행동, 성격 특성, 양육 태도 등이 포함된 CPSQ-II(아동 정서 행동 특성 검사) 65문항에 대해 주양육자가 응답을 하는 형식입니다. '지난 3개월간 우리 아이는 스스로를 소중한 존재라고 느낀다', '친구들의 감정과 기분에 공감을 잘한다', '울거나 짜증 내는 경우가 많다', '자신이 속한 학급을 좋아한다' 등 제시된 항목에 전혀 아니다, 조금 그렇다, 그렇다, 매우 그렇다 중 하나를 골라 표기합니다. 우리 아이의 불안도와 자기 조절 능력 등은 물론이고 아이의 기질적 특징, 부모의 양육 태도 등을 진단하고 파악할 수 있습니다.

정서 행동 특성 검사는 모바일과 PC 모두에서 실시 가능하며 사이트에 입력한 주소로 한 달 정도 뒤에 결과지가 배송됩니다.

검사 결과, 총점이 기준보다 낮으면 정상군으로, 기준 점수 이상이면 관심군으로 분류됩니다. 이 경우 학교에 결과가 통보되어 상담 교사가 배정되거나 전문기관에 의뢰하는 등 2차 조치가 요청되기도 합니다.

교사로서의 경험에 비추어 보면 제가 예상했던 아이의 정서 특징과 검사 결과는 대체로 비슷했지만 간혹 전혀 의외의 결과가 나오는 경우도 있었습니다. 이런 친구들은 대부분 부모님의 기준이 무척 엄격하고 기대치에 못 미치는 경우 아이에게 지나치게 낮은 평가를 내린 경우였습니다. 이때는 부모와 상담을 통해 재검사를 받기도 합니다.

학생 정서 행동 특성 검사에 대해 좀 더 자세한 정보를 원하는 경우 유튜브 '학생 건강 채널' 내 2024 학생 정서 행동 특성 검사 동영상 설명 자료(https://www.youtube.com/watch?v=ZRGGZWR4mFs)나 제가 출연했던 '우리 동네 어린이 병원' 속 영상(https://www.youtube.com/watch?v=kkaLqzYBdRE)을 참고하시기 바랍니다.

💡 우리 동네 어린이 병원에서 설명한
정서 행동 특성 검사

어린이날과 스승의 날

5월은 아이들도 선생님들도 무척 행복한 달입니다. 어린이날, 어버이날, 스승의 날의 의미를 되살리며 서로가 서로에게 감사하는 의미 깊은 달이지요. 삐뚤빼뚤한 글씨로 정성스럽게 "선생님! 사랑해요. 감사합니다"가 적힌 쪽지부터 색종이로 접은 카네이션까지, 주는 사람과 받는 사람 모두를 미소 짓게 만드는 가장 예쁜 달이기도 합니다.

학교마다 사정은 조금씩 다르지만 대체로 5월 첫 주에 어린이들은 봄 방학을 맞이합니다. 5월 1일 근로자의 날을 재량휴업일로 지정하거나 주말을 껴서 3일에서 4일 정도 휴일을 가질 수 있도록 하는 것이지요. 봄 방학을 앞두고 학급별로 재미있는 놀이시간을 갖거나 선생님들이 아이들을 위해 작은 선물을 준비해 주시기도 합니다.

아이들에게 첫 담임 선생님은 무척 특별합니다. '우리 선생님'이란 생각이 가득하고 담임 선생님을 엄마나 아빠처럼 생각하지요. 고학년들처럼 선생님을 위한 깜짝 이벤트나 스승의 날 노래를 부르지는 못하지만 작은 손으로 애정이 듬뿍 담긴 편지를 써오거나 수줍게 "선생님, 사랑해요"라고 말하는 친구들도 많습니다.

한 가지 아쉬운 점은 부정청탁 및 금품 등 수수의 금지에 관한 법률(이른바 김영란법) 시행으로 아이들이 전해주는 음료수나 작은 초콜릿 하나까지 받지 않는 분위기라는 점인데요. 각종 부조리한 상황을 방지하기 위한 일이니 긍정적으로 생각하려고 합니다만, 간혹 아이들이 내미는 작은 선물도 원칙에 따라 무조건 거절해야 하다 보니 조금 섭섭한 마음이 들 때도 있습니다. 최근에는 이런 것들은 허용된다고 바뀌었다지만 괜한 오해를 받기 싫어 대부분의 선생님들이 사전에 모두 거절합니다.

여전히 스승의 날이 다가오면 선생님에게 선물을 해도 되느냐, 옆반 선생님은 받으셨다고 하던데 왜 우리 반은 안 되냐와 같은 공방이 맘카페 등에서 벌어지는 것으로 알고 있습니다. 정확하게 말씀드리면, 스승의 날 감사는 선물 대신 문자 메시지나 편지 또는 카드로 전하시길 바랍니다.

글쓰기에 서툰 초등학교 1학년 아이가 큼지막한 편지지에 그림을 그려 오면 마음이 따뜻해집니다. 제가 받은 카드 중에 한쪽에는 아이의 그림이, 반대쪽에는 부모님의 감사 인사가 적혀 있던 적이 있었는데 꽤 오래 기억에 남았습니다.

저는 스승의 날과 학년이 끝날 무렵, 선생님께 감사 문자나 카드를 드립니다. 실제로 학교에서도 한 학년을 마무리할 때 그동안 감사했던 선생님에게 편지 쓰기 활동을 하는 경우가 많은데요. 고학년 아이들은 아침 일찍 와서 담임 선생님 책상에 편지를 올려두기도 하고, 전년도 선생님을 쉬는 시간에 찾아가기도 합니다.

최근에는 스승의 날 관련 행사도 대부분 사라지고, 촌지 및 청렴 이슈로 인해 정규 수업 이후에는 대부분의 선생님들께서 연수를 듣는 경우가 많습니다. 따라서 당일에 수업이 끝나고 찾아갈 경우 만나지 못할 확률이 크니 이 점도 참고해 주세요.

여름 : 6~8월 성장기

아이들이 학교에 적응하기 시작하고 불안해하던 부모님의 마음도 조금은 편안해지는 시기입니다. 부모님이 참여하는 행사가 많던 '봄'과 다르게 '여름'은 아이들끼리 다양한 활동을 하면서 추억을 쌓아가지요.

학교라는 시스템에 익숙해지다 보니 아이들의 학업 및 교우 관계가 심도 있게 발전할 수 있는 시기이기도 합니다. 만약 이 시기 동안 우리 아이의 부족한 점이 보였다면 여름 방학을 이용해서 아이들이 성장할 수 있도록 도와주세요.

체육대회

바쁘고 행사가 많았던 봄 활동이 지나고 여름에 접어드면서 부쩍 의젓해진 아이들의 모습이 대견하기만 합니다. 이제부터는 아이들 관련 행사들도 본격적으로 진행되는데요. 학교마다 조금씩 차이는 있지만 본격적인 여름이 시작되기 전, 아이들이 즐거워하는 학년별 체육대회가 진행됩니다.

과거에는 운동장에 전교생이 모여 했지만 최근에는 대부분의 학교들이 강당을 이용해 학년별로 나누어서 체육대회를 실시합니다. 따라서 예전처럼 우천이나 미세먼지 등으로 행사가 취소되는 일은 거의 없습니다.

초등학교 1학년 종목은 대개 달리기, 긴 줄넘기, 꼬리잡기, 큰 공 굴리기, 색깔판 뒤집기, 블록 쌓기 등 발달 단계에 맞는 활동들로 진행되며 아이들은 무척 즐거워합니다. 요즘에는 도시락을 따로 준비하지 않고 급식으로 해결하거나, 부모님 관람이 없는 경우가 많다 보니 조금 아쉽기도 합니다. 저희가 어린 시절에는 먼지 날리는 운동장 구석에 앉아서 다른 학년의 활동을 관람하기도 하고, 전 학년이 다함께 참여하는 줄다리기 같은 행사도 있었는데 말이지요. 아침에 엄마가 정성껏 싸준 도시락을 친구들에게 자랑하는 재미도 있었고요.

하지만 지금은 아이들이 보다 효율적으로 활동에 집중하는 장점도 있으니 긍정적으로 생각해 주시길 바랄게요.

건강검진

우리나라에서 공교육을 받는 모든 학생들은 초등학교 1학년과 4학년, 중학교 1학년, 고등학교 1학년까지 총 네 차례에 걸쳐 나라에서 실시하는 건강검진을 받아야 합니다. 그 외의 학년은 학교에서 자체적으로 진행하지요.

예전의 검사들이 키나 몸무게를 측정하고 또래 아이들과의 발달을 비교하는 데서 그쳤다면 초등학교 1학년 건강검진은 지정된 의료기관을 방문해 기초 기능, 혈압, 신체 발달 상황, 소변, 구강 등을 꼼꼼하게 살펴봅니다. 비용은 무료입니다.

자세한 내용은 학교에서 배부되는 안내장을 참고하시면 되는데요. 보통 두세 군데 의료기관 중에서 한 곳을 선택해 검진합니다. 이 경우 재량휴업일이나 토요일 등에는 검진을 받으려는 아이들이 몰려 매우 혼잡할 수 있기 때문에 가능한 한 평일 하교 이후 시간을 이용하는 게 좋습니다.

검사 후 결과지를 수령하면 담임 선생님에게 제출합니다. 의료기관에 따라서 학교로 직접 전송하는 경우도 있으니 학교 안내장을 확인하시기 바랍니다.

건강검진의 목적은 단순히 우리 아이들의 발달이 제대로 이루어지고 있는지를 확인하는 것이 아닙니다. 검사 결과에 따라 꾸준한 관리가 더 중요하다는 의미를 갖는데요. 검진 결과 통보서에 안내된 아이의 종합 소견이 정상인 경우 지금처럼 생활습관을 유지하고, 검진에는 이상이 없으나 질환으로 발전할 우려가 있는 경계일 경우 평소보다 더 신경 써서 관리하도록 합니다. 만약 정밀 검사 요함이 나오면 반드시 진료를 받아야 하는데요. 이 경우 학교 측에 연락을 취해 가정과 학교 모두에서 아이의 건강 관리에 힘쓰도록 협조를 요청하는 게 좋습니다.

💡 학생건강검진 검사 목록

기본검사	안질환, 귓병, 콧병, 목병, 피부병 검사와 청력, 시력, 혈압 검사
소변검사	요단백, 요잠혈 등의 검사 소변검사는 신장질환, 당뇨, 혈뇨, 요로감염증, 담도계 질환을 진단하는 검사로서 기초적인 의학 정보를 얻을 수 있다.
흉부X선 촬영	중등1학년, 고등1학년을 대상으로 결핵 및 순환기 계통의 검사를 위한 촬영이다. 폐결핵, 폐렴, 폐암, 녹막염, 기관지의 이상 및 동맥경화, 심비대 등을 조사하기 위한 검사이다.

혈액검사	초등 4학년, 중등 1학년, 고등 1학년의 비만 학생과 고등 1학년 여학생을 대상으로 하는 건강검진 필수사항이다. 비만 학생을 선별해 혈당, 지질검사, 중성지방, 간기능검사를 실시, 성인병 위험 정도를 평가하며 고등학년 여학생을 대상으로 혈색소 검사를 실시해 빈혈 유무를 판별한다. 혈당, 총 콜레스테롤, HDL콜레스테롤, 중성지방, LDL콜레스테롤, AST, ALT 검사
비만도 검사	· 표준체중 계산법:(신장-100)*0.9=표준체중 　(표준체중에서 ±5kg은 정상) · 비만도 측정법 : 비만도(%)=현재체중(kg)/표준체중(kg) · 비만도 판정 – 90~110%: 정상 – 110~120%: 과체중 – 120~140%: 비만 – 140% 이상: 중등도 비만

💡 검사 항목별 판정 기준 참고치

질환별	검진 항목	단위	판정 기준	
			판정	참고치
눈	시력		정상	양쪽 눈 모두 각각 나안시력이 0.8 이상인 경우
			정밀검사 요함	한쪽 눈이라도 나안시력이 0.7 이하인 경우 *0.7 이하인 경우 안경을 쓰도록 권유
	안질환		정상	이상 소견이 하나도 없는 경우
			정밀검사 요함	이상 소견이 1개 이상인 경우
구강	치아 상태		정상	검진 결과 치아 건강이 양호한 경우
			정상(경계)	충치는 없으나 예방 치료가 필요한 경우
			정밀검사 요함	검진 결과 치아 치료가 필요한 경우
	구강 상태		정상	검진 결과 구강 건강이 양호한 경우
			정상(경계)	구강질환이 없으나 관리가 필요한 경우

질환별	검진 항목	단위	판정 기준		
			판정	참고치	
			정밀검사 요함	구강질환이 의심되어 상담 또는 추적 검사가 필요한 경우	
신장	요단백		정상	음성 (-), 약양성 (±)	동시 양성인 경우도 신장 질환 의심
			정밀검사 요함	양성 (1+2+3+,4+), 양성과 신장 질환 증상 동반	
	요잠혈		정상	음성 (-), 약양성 (±)	
			정밀검사 요함	양성 (1+2+3+,4+), 양성과 신장 질환 증상 동반	
혈액	총콜레스테롤	mg/dL	정상	< 170	
			정상(경계)	170~199	
			정밀검사 요함	≥ 200	
	고밀도 지단백 (HDL) 콜레스테롤	mg/dL	정상	> 45	
			정상(경계)	40~45	
			정밀검사 요함	< 40	
	중성지방 (TG)	mg/dL	정상	< 90	
			정상(경계)	90~129	
			정밀검사 요함	≥ 130	
	저밀도 지단백 (LDL) 콜레스테롤	mg/dL	정상	< 110	
			정상(경계)	110~129	
			정밀검사 요함	≥ 130	

질환별	검진 항목	단위	판정 기준		
			판정		참고치
간장 질환	간세포효소 (AST) SGOT	U/L	10세 미만	정상	≤ 55
				정밀검사 요함	> 55
			10세 이상	정상	≤ 45
				정밀검사 요함	> 45
	간세포효소 (ALT) SGPT	U/L	정상		≤ 45
			정밀검사 요함		> 45
당뇨 질환	혈당	mg/dL	정상		< 100
			정상(경계)*		100~125
			정밀검사 요함		≥ 126
혈압 이상	혈압 - 수축기 - 이완기	mmHg	정상		성별, 연령별 신장 대비 90백분위수 미만
			정상(경계)**		성별, 연령별 신장 대비 90~95백분위수
					단, 90백분위 미만이라도 130/80 mmHg 이상인 경우 포함
			정밀검사 요함		95백분위수 초과

* 공복 시 혈당 조절이 원활하지 않은 경우
** 고혈압으로 발전할 가능성이 있어 운동 및 식생활 관리 등을 필요로 하는 경우
※ 검진기관이 사용하는 시약 등의 차이로 자체 판정 참고치를 갖고 있는 경우에는 검사
   결과와
   문진 등을 종합하여 자체 판정 참고치를 기준으로 판정

현장체험학습

"우리 아이가 어느새 커서 버스를 타고 소풍을 간다네요!" 첫 현

장체험학습을 떠나는 날 아이들을 배웅하러 나온 부모님들이 많이 하시는 말씀입니다. 네, 맞습니다. 현장체험학습은 아이들이 모여 버스를 타고 학교 밖으로 나가 즐거운 시간을 보내는 일이지요. 과거에 소풍이라고 불렀다면 요즘은 학교 교과 과정과 연계한 현장체험학습이라고 합니다. 부모님과 함께 다양한 여가 활동을 보내기 힘든 시절에는 소풍이 아이들에게 최고의 이벤트였지만, 지금은 학기 중에도 부모님과 여행을 다니고 다양한 체험을 즐기는 친구들이 많아 예전과 같은 기대감은 덜하지만, 학교 친구들과 어딘가로 놀러 간다는 생각에 들떠 있기는 마찬가지랍니다.

간혹 안전요원이 동행하는 경우도 있지만 기본적으로는 담임 선생님 한 분이 모든 반 아이들을 인솔한다고 생각하시면 됩니다. 따라서 현장체험학습의 장소를 선정할 때도 안전을 최우선에 두게 되는데요. 학교에서 많이 멀지 않고, 아이들이 길을 잃지 않을 정도의 크기, 체험학습을 도와주는 선생님이 상주한 곳 등이 그 기준이 됩니다.

따라서 대부분의 학교는 수목원이나 식물원, 직업체험센터, 농장체험 등을 선택하게 되는데요. 이후 학년이 올라가면 놀이공원, 민속체험, 도자기 체험 등으로 장소 선정의 범위가 넓어집니다.

들떠 있는 아이들과는 달리 선생님들은 첫 현장체험학습을 앞두고 긴장하게 되는데요. 멀미를 하거나, 자리에서 이탈하는 아이가 생길까 봐 조마조마한 것이죠. 특히 스무 명 넘는 아이들을 동시에 돌봐야 하기 때문에 언제 생길지 모를 돌발 상황에 늘 긴장 상태랍니다. 따라서 현장체험학습을 앞두고 있다면 가정에서 아래 내용을 꼭 확인해 주시길 부탁드립니다.

1. 멀미약과 여분의 봉투를 준비해 주세요. 특정 아이만 자리를 따로 배려해 앉히는 건 불가능합니다. 멀미가 평소 심하다면 출발 전 약을 먹여주시고, 아이에게 봉투 사용법도 미리 알려 주세요.

2. 고열, 감기, 복통 등 아프거나 아이의 컨디션이 좋지 못할 경우 무리해서 보내지 말아주세요. 아이도 선생님도 체험학습을 온전히 즐길 수 없습니다.

3. 안전 교육을 철저히 시켜주세요. 간혹 안전벨트를 하지 않겠다고 우기거나 선생님 눈을 피해 차 안에서 돌아다니는 경우가 있습니다. 이러한 위험한 행동을 하지 않도록 가정에서 미리 지도해 주세요.

더불어 부모님들께서 알아두시면 좋을 내용도 함께 소개하겠습니다.

1. 선생님께서 아이들마다 사진을 따로 찍거나 부모님들에게 개별적으로 전송해 주지 않습니다. 체험학습이 끝난 뒤 학급별 커뮤니티에 사진을 올리기도 하지만 이마저도 선생님마다 다를 수 있고 특히 모든 아이의 독사진을 찍는 건 불가능함을 이해해 주세요.

2. 체험학습 중에 문제가 생기면 선생님이 학부모님께 연락을 드립니다. 아이들을 챙기느라 정신 없는 선생님에게 아이가 잘 있는지 등을 묻는 단순 확인 전화는 삼가 주세요.

3. 정규 교육 과정 시간에 맞추어 대부분 체험학습은 종료되지만 이동 거리나 교통 상황 등에 따라 어느 정도는 달라질 수 있습니다.

간혹 현장체험학습 전날 담임 선생님에게 전화를 걸어 아이가 팔을 다쳤는데 꼭 가야 하는지, 아이가 부모와 떨어져 차를 타는 게 처음인데 혹시 부모 동반이 가능한지 등을 묻는 경우가 있습니다. 제가 겪었던 사례를 간략히 정리해 보았으니 참고해 주시기 바랍니다.

1. 아이가 다리를 다쳤어요. 갈 수 있을까요?
⇒ 기본적으로 아이의 몸 상태가 좋지 않은 경우 질병 결석이나

학교장 교외체험학습으로 처리하는 게 좋습니다. 아무리 첫 현장 체험학습이라고 해도 아이가 충분히 즐기고 배우지 못하면 아무 의미가 없기 때문입니다. 증상이 미미하다면 아이의 상태를 확인하고 보내주셔도 괜찮습니다.

2. 아이가 낯선 장소에 가는 걸 불안해해요. 엄마가 따라가도 괜찮을까요?

⇒ 현장체험학습은 원칙적으로 부모의 동반이 불가능합니다. 따라서 현장체험학습이 이루어지기 전 해당 장소에 부모님과 함께 미리 방문해 친숙해지도록 경험하는 것이 좋습니다.

3. 아이가 친구들과 잘 어울리지 못하는데, 어떡하죠?

⇒ 고학년이 되면 혼자만 따로 있는 게 부담스러워서 단체 활동을 거부하기도 합니다만 1학년의 경우에는 다른 환경에서 친구들과 새롭게 관계를 만들어나갈 수 있는 기회가 될 수도 있기 때문에 참여하는 게 좋습니다. 만약 아이가 심하게 거부하거나 두려워하는 경우 선생님에게 도움을 요청하거나 체험학습 참여는 다음 기회로 미루고 천천히 시간을 갖고 대화를 나눠보는 게 좋습니다.

4. 현장체험학습이 필요하지 않다고 생각하는데 보내지 않아도 되나요?

⇒ 현장체험학습도 정규 교육과정의 일환이라 정당한 이유 없이 안 갈 수 없습니다. 만약 체험학습을 가지 않고 학교에 등교하면 도서관 교육 프로그램이나 별도 장소에 혼자 있어야 합니다. 이런 경우 아이들이 불안해하거나 학교 생활에 대해 친밀감을 갖기 어렵기 때문에 추천하지 않습니다. 부득이한 경우 학교장 교외체험학습을 통해 가정에서 보육하실 수 있습니다.

5. 현장체험학습은 무료인가요?

⇒ 수익자 부담, 즉 경비를 따로 내야 합니다. 학기 초에 제출한 스쿨뱅킹 통장 또는 신용카드를 통해 자동으로 결제됩니다. 만약 신청했다가 참여하지 못하는 경우 미교육 프로그램 관련 비용은 환불됩니다.

💡 1학년 교과서 연계 체험학습 추천 장소 BEST 5

	장소	교과 연계	관람료	장소	소개
1	국립중앙 박물관	통합	무료	서울	역사와 문화 체험

2	국립한글 박물관	국어	무료	서울	한글을 이해하고 체험
3	국립국악 박물관	통합	무료	서울	국내 유일 국악에 대해 알아보는 곳
4	국립민속 박물관	통합	무료	서울	고유한 민속 자료 전시
5	국립중앙 과학관	통합	1000원	대전	과학 관련 체험

☀️ 1학년과 한 달 살기 좋은 도시 BEST 5

	장소	소개
1	제주	바다와 세계문화유산을 바로 즐길 수 있는 최적의 장소
2	경주	불교문화에 대한 이해와 문화명소 탐방
3	단양	단양 8경을 포함한 예쁜 풍경과 체험, 먹을거리가 가득한 장소
4	강릉	동해와 관동지방 명소 및 역사 체험이 가득한 장소
5	부산	바다와 체험활동, 역사 탐방 및 도시의 다양한 매력을 느낄 수 있는 장소

가을 : 9~11월 도약기

여름 방학을 지내고 오면 선생님들이 공통적으로 하시는 말씀이 있습니다. "애들이 정말 많이 컸다. 의젓해졌다"와 같은 내용이지요. 1학기까지는 수업 시간에 자리에서 일어나 돌아다니는 친구들도 있고 화장실에 계속 드나드는 친구들도 있었지만 여름 방학을 기점으로 분위기가 확 바뀝니다. 이제야 조금 학생답게 자리에 앉아서 수업을 할 수 있게 되었지요.

학부모 공개 수업

아이들이 자리에 앉아 수업에 집중할 수 있는 2학기가 되면 학부모님을 모시고 우리 아이들이 어떻게 공부하고 있는지를 보여주는 공개 수업을 하게 됩니다. 간혹 1학기에 진행하는 경우도 있는데, 이때는 학습에 관한 내용이라기보다는 아이들의 학교 생활을 궁금해할 부모님들을 위한 배려라고 생각하시는 게 좋습니다.

1학기 동안 익힌 학급 규칙과 학습 습관을 바탕으로 비로소 2학기가 되어 조금은 성숙해진 모습을 부모님께 보여드릴 수 있는 것이지요. 그렇다고 해서 아이들에게 "공개 수업에 잘해야 한다", "꼭 손을 들고 네가 발표해야 한다"와 같은 부담은 주지 않는 것이 좋습니다. 1학년의 경우 아이들의 귀엽고 순수한 모습을 마주하는 것만으로도 충분하니까요.

실제로 제가 1학년 공개 수업을 맡았을 때 한 친구가 펄럭펄럭과 폴짝폴짝이 헷갈린 나머지 "태극기가 폴짝폴짝 휘날립니다"라고 대답했는데 그 모습이 어찌나 귀엽던지요. 자리에 계시던 학부모님들께서도 아이에게 큰 박수와 함께 흐뭇한 미소를 보여주셨던 기억이 납니다.

평소와 달리 친구들의 부모님이 함께 모인 분위기를 어색해하거나 낯설어 할 수도 있으니 아이들이 최대한 편안하게 수업에 임할 수 있도록 격려해 주시는 게 중요합니다. 간혹 발표를 한 뒤 그 자리에서 울어버리거나 부끄러워서 아무런 말도 하지 않은 채 한참을 서 있는 아이들이 있는데, 그런 경우 선생님은 물론이고 참석한 학부모, 다른 친구들까지 난감해지곤 합니다.

많은 분들이 공개 수업은 꼭 참여하려고 노력하시는데, 저 역시 그 생각에 동의합니다. 초등학교 1학년은 아직 많이 어린 나이라, 자신의 부모님만 참석하지 않았다는 사실을 알게 되면 많이 속상해할 수 있거든요. 맞벌이라면 두 분 중 한 분은 일정을 조절해 꼭 참석해 주시길 바랍니다. 아이 입장에서는 바쁜 엄마 아빠가 날 보러 와줬다는 생각에 더욱 기운이 날 거예요.

그렇다고 해서 내 아이에 너무 집중해 아이 이름을 큰 소리로 부르거나 사진을 찍는 것은 엄격하게 금지하고 있습니다. 초상권 관련으로 사진 촬영이 금지되어 있을뿐더러 수업에 방해가 되기 때문이죠. 더불어 수업 중에 자리를 이동하거나, 소음을 내는 등 방해가 되는 행동도 삼가 주세요.

대부분의 부모님들이 내 아이가 몇 번 손을 들었는지, 발표를 몇 번 했는지에 집중하시는데요. 정작 부모님들께서 봐주셔야 하는 건 '내 아이가 선생님을 보고 있는가'입니다. 눈만 아니라 온몸으로 선생님을 향하고 수업에 즐겁게 참여하고 있는지가 중요한 건데요. 손으로 계속 연필을 만지작거리는지, 다리를 흔드는지, 옆자리 친구를 건드리거나 장난을 치지는 않는지 세심하게 살펴야 합니다. 그리고 안타깝게도 이날 부모님이 보았던 태도보다 평소의 행동이 더 안 좋을 가능성이 높습니다. 여러 학부모님들이 와 계신 환경에서 아이들은 평소보다 잘하려고 노력할 테니까요. 따라서 이날 아이의 잘못된 수업 태도를 목격하셨다면 가정에서 지속적으로 지도해 주시길 바랍니다.

공개 수업이 끝나고 나면 수업에 대한 참관론을 작성합니다. 과거에는 선생님에 대한 평가가 주를 이뤘다면 최근에는 내 아이에 대한 평가로 바뀌고 있지요. 수업에 대한 준비가 잘 되었는지, 적극적으로 참여하는지 등을 파악할 수 있습니다.

💡 공개 수업 후 참관론 작성의 예시

학부모 공개 수업 참석 시
주의할 점

1. 가능한 한 수업 10분 전 도착하기

2. 휴대폰은 무음, 진동으로 하기

3. 친분이 있는 엄마와 잡담 나누지 않기

4. 수업 촬영하지 않기

5. 아이에게 잔소리, 부담 주지 않기

6. 구두는 또각또각 소리 날 수 있으니 유의하기

7. 진한 화장이나 향수 자제하기

8. 볼펜 하나 여유로 가져가기(등록부 서명, 참관록 작성 등)

9. 선생님께 눈인사, 목례만 간단히 하기

10. 참관록은 최대한 긍정적 언어로 피드백하기

학부모 상담 주간

학부모 상담 주간은 공식적으로 3월 말에서 4월 중순, 9월 말에서 10월 중순에 학기별로 한 차례씩 이루어지는 경우가 많습니다. 상담을 진행하다 보면 많게는 하루에 대여섯 명의 학부모님들을 만나기도 하는데, 이럴 때는 베테랑 교사인 저도 긴장합니다. 그래서인지 선생님들 중에는 상담 주간이 끝나고 몸살을 앓는 분도 있답니다.

일반적으로 1학기 상담에는 학부모님들의 이야기를 선생님이 듣는 쪽으로 진행하게 됩니다. 아이와 함께 생활한 시간이 짧다 보니 선생님이 아이에 대해 제대로 파악할 수 없기 때문이죠. 따라서 이때는 아이의 성격, 관심사, 가정 내에서의 관계 등을 선생님께 자세히 알려주시는 게 도움이 됩니다.

반면 2학기에는 선생님이 파악한 아이의 교우 관계, 학습 태도 및 전반적인 생활습관 등에 대해 이야기를 나누게 됩니다. 그렇다 보니 "어머, 저희 아이가요? 집에서는 전혀 안 그런데요"와 같은 말씀을 하시기도 합니다. 어느 정도는 예상하시겠지만 가정과 학교에서 보이는 아이의 모습이 다른 경우는 생각보다 꽤 많습니다.

만약 상담에 참석하기 어려운 경우 전화 상담도 가능합니다. 또 꼭 학부모 상담 주간이 아니더라도 평소에 아이의 행동이나 습관에 대해 의논하고 싶은 내용이 있다면 미리 연락한 뒤 진행해도 괜찮습니다.

대면 상담을 하지 못해 혹여 아이에게 관심이 적은 엄마 아빠로 비칠까 걱정이라는 이야기를 들은 적이 있습니다. 교사의 입장에서 솔직히 말씀드리면 상담 참석 여부와 관계없이 부모님의 관심은 아이의 말과 행동에서 모두 드러납니다. 부모님을 굳이 만나뵙지 않아도 단정한 옷차림, 안정된 정서 상태, 공손한 말투, 준비물과 학습 자료를 잘 챙겨오는지, 과제를 제대로 해오는지 등등에서 고스란히 느낄 수 있지요.

아이와 관련된 간단한 질문이나 상담 내용이라면 알림장을 통해 쪽지로 보내주시거나 학급 소통망 SNS를 이용하셔도 됩니다. 다만, 최근 불거진 사회문제처럼 한꺼번에 수십 통 이상의 문자를 보내거나, 지나치게 잦은 상담 요청은 아이들을 관리하는 데 어려움이 있을 수 있으니 자제해 주시길 부탁드립니다. 실제로 해외에서는 이메일을 통해 상담 요청 후 정해진 기간에만 진행하는 경우도 있다는 걸 참고해 주세요.

💡 상담 시 지켜야 할 것 VS 피해야 할 것

	상담 전	상담 중	상담 후
O	1. 아이에 대한 궁금한 점을 사전에 문자, 메모 등으로 말씀드리기 2. 우리 아이의 가정생활과 평소 상태를 파악하기	1. 선생님과의 라포 형성 2. 아이에 대한 솔직한 이야기 전달	1. 선생님께서 짚어준 개선사항을 아이 눈높이에서 잘 전달하기 2. 양육 방식에 수정이 필요한 경우 가정에서 충분한 협의 후 진행하기
X	1. 사전 약속 없이 찾아가기 2. 아이 말만 듣고 흥분한 상태로 윽박지르기 3. 음료수 또는 선물 가지고 가기	1. 존댓말과 반말을 섞어서 말하기 2. 작년 선생님 또는 옆반 선생님과 비교하기 3. 다른 아이 흉을 보거나 내 아이 잘못은 인정하지 않는 말투	1. 아이의 부족한 점을 혼내거나 윽박지르기 2. 스스로를 자책하거나 부족한 엄마라고 단정하기

겨울 : 12~2월 정리기

　이제 1년의 마무리를 향해 갑니다. 한 해 동안 성장과 도약을 한 1학년 친구들을 보며 선생님들은 뿌듯하기도 하고, 2학년으로 올라갈 아이들과의 이별이 아쉬워지기도 합니다.

　최근에는 1월 초에서 중순 사이에 종업식을 하고 3월 2일에 시업식을 하는 경우가 많습니다. 지역에 따라 기존처럼 12월 중순에 겨울 방학식을 하고 2월에 2주 정도 등교한 뒤 다시 봄 방학 후 3월 2일에 등교하는 경우도 있습니다. 위의 일정은 학교마다 다르니 연간일정을 참고하시기 바랍니다.

끼 발표회

1년 동안 학교에서 배운 것이나 평소 자신이 좋아해서 갈고닦았던 기량을 맘껏 펼치는 자리입니다. 보통 1학년 친구들은 태권도 품새 시범, 줄넘기, 마술, 아이돌 댄스 등을 보여주기도 하고, 직접 지은 시를 낭독하거나 재미있는 동화 구연을 하기도 합니다. 바이올린이나 플루트 등 악기 연주를 선보이는 친구들도 있습니다.

장기의 종류는 크게 중요하지 않습니다. 친구들 앞에서 자신이 좋아하고 잘하는 것을 보여준다는 데 그 의미가 있지요. 이런 활동을 통해 자신감이 향상될 수 있습니다.

간혹 "나는 잘하는 게 없는데 어떻게 하지?"라고 고민하는 친구들이 있을 수 있습니다. 실제로 고학년이 될수록 이런 자리를 겁내는 친구들이 많은데요. 꼭 누군가에게 보여주기 위해서가 아니라 아이가 재미와 흥미를 갖고 꾸준히 즐길 수 있는 취미거리를 만드는 것은 좋은 일이라고 생각합니다.

정말 아무리 생각해도 발표할 게 없다면 넌센스 퀴즈나 무서운 이야기 등을 들려주는 것도 괜찮습니다.

가정에서 발표회를 준비할 때 유의할 게 있습니다. 발표는 대부분 교실 앞에 한 명씩 차례로 나와 진행하게 됩니다. 따라서 마술이나 그림 그리기, 클레이 만들기, 종이 접기 등은 맨앞에 앉은 몇몇을 제외하고는 거의 보이지 않을 수 있습니다. 이런 종류의 장기를 선택했다면, 선생님과 미리 의논 후 가정에서 영상을 찍어 보여주는 것도 한 방법입니다. 피아노처럼 부피가 크거나 값비싼 악기나 소품이 필요한 경우에도 미리 영상으로 찍어 보여주는 것이 안전합니다.

제가 가르쳤던 아이 중에는 자신이 키우는 달팽이 소개하기, 그동안 그렸던 그림을 모두 모아 보여주기, 플라잉 요가하기, 드럼 연주하기 등을 영상으로 보여준 경우가 있었는데, 아이들 모두 눈을 반짝이며 집중했던 기억이 납니다. 이때 USB에 영상을 담아주시는 건 추천하지 않습니다. 간혹 코덱 설치에 오류가 나서 소리가 나지 않은 경우가 발생하기 때문입니다. 가장 안전한 방법은 부모님의 유튜브 계정에 비공개로 올려놓은 뒤 링크를 전달하는 것이니 참고해 주세요.

한 명당 3분 남짓한 시간이지만 서로 박수를 보내고 "우와! 대단하다!"와 같은 찬사를 들을 수 있기 때문에 아이들은 이 시간을 통해 자존감과 성취감을 높이는 경험을 할 수 있습니다.

생활통지표

말만 들어도 괜스레 가슴이 두근거리는 이름, 생활통지표입니다. 제가 학교를 다녔던 30여 년 전에는 수, 우, 미, 양, 가라는 5단계로 자신의 학업 성취를 정확히 평가받았지만 요즘 아이들이 받아오는 통지표는 아무리 읽어도 그래서 잘했다는 것인지, 부족하다는 것인지 와닿지 않는 경우가 많습니다. 그도 그럴 것이 요즘 생활통지표는 아이의 성장에 맞추어 평가하도록 되어 있으며, 혹여 처음에 잘하지 못하더라도 다시 기회를 주어서 아이들의 성취 기준까지 도달할 수 있도록 하는 것이 목적이기 때문입니다. 따라서 초등학교 1학년 생활통지표에서 부모님이 가장 눈여겨보아야 할 항목은 '행동 발달 및 종합 의견'입니다. 실제로 선생님들이 아이들의 생활통지표를 작성하는 데 있어 가장 고심하는 부분도 바로 이곳입니다.

1학기 통지표에는 아이의 부족한 점이 비교적 적나라하게 구술되어 당황하기도 하실 텐데요. 2학기 내용은 전산망에 남다 보니 교사들도 언어를 순화하고 최대한 긍정적인 방향으로 서술하려고 합니다. 따라서 1학기 내용을 기분 나쁘게 받아들이기보다는 더 나은 아이의 학교 생활을 위한 조언으로 생각해 주시면 감사하겠습니다.

만약 2학기 통지표에 무엇무엇은 더 노력해야 한다거나 무엇이 부족하다와 같은 내용이 있다면, 그건 교사의 입장에서 아이가 반드시 고쳐야 한다고 생각하는 것이기 때문에 경각심을 갖고 최대한 개선하도록 노력해야 합니다.

또 한 가지, 부모님들이 받아보시는 생활통지표는 법정 장부가 아닙니다. 학교에 보관하는 학생 생활기록부에는 생활통지표의 내용보다 훨씬 많은 것이 적혀 있습니다. 점차 학생 평가 근거를 세밀하게 작성해 놓도록 지침이 변화하고 있기 때문에 교사들은 정성 평가에 맞추어 최대한 자세하고 구체적으로 명시하고 있습니다.

아이의 발달 상황을 점수화하거나 등수화하지 않다 보니 우리 아이가 학교 생활을 제대로 하고 있는 건지, 어느 정도 수준인 건지 알기 어렵습니다. 중학교에 입학하면 지필평가와 점수화에 당황하지만 초등학생까지는 어제의 나보다, 작년의 나보다 얼마나 성장했는지가 주요 평가 사항이라고 보시면 됩니다.

생활통지표의 평가는 대부분 4단계 척도를 사용하는데 매우 잘함, 잘함, 보통, 노력 요함입니다. 만약 우리 아이가 초등학교 1학년인데 보통이 많다면 학교 생활에 어려움이 많다고 보셔야 합니다. 대부분의 아이들은 매우 잘함, 잘함으로 표기되기 때문입니다.

2024학년도 1학년
성장 중심 평가 계획 예시

성취 기준은 교육을 통해 학생이 성취할 것으로 기대되는 것을 정리한 것으로 성취 기준 코드는 '학년군 한 자리 + 교과목명 앞 글자 한 자리 + 교과 영역 두 자리 + 성취 기준 두 자리'로 구성되어 있습니다.

학년군은 1~2학년은 2, 3~4학년은 4, 5~6학년은 6으로 표시하고 교과 영역은 국어의 경우 '듣기-말하기'를 01, '읽기'를 02, '쓰기'를 03, '문법'을 04, '문학'을 05, '매체(2022 신설된 교육과정)'를 06으로 나타냅니다. 즉 성취 기준 코드 [2국05-01]은 1~2학년군 국어 교과에서 '문학' 영역 중 첫 번째 성취 기준을 의미합니다.

수학은 2022 교육과정부터 네 가지 영역으로 개정되어 '수와 연산' 01, '변화와 관계' 02, '도형과 측정' 03, '자료와 가능성' 04로 나타냅니다. 즉 성취 기준 코드 [2수01-01]은 1~2학년군 수학 교과에서 '수와 연산' 영역 중 첫 번째 성취 기준을 의미합니다.

다음 표는 2024년 기준 1학년 1학기와 2학기의 학생 성장 중심 평가 계획을 각각 정리한 것입니다. 각 교과별 평가 요소에는 어떤 것들이 있는지 확인하고 우리 아이가 부족한 점은 무엇인지, 어떤 부분을 보완해야 하는지 등에 활용하시기 바랍니다.

2024학년도 1학년 1학기 학생 성장 중심 평가 계획

교과	성취 기준	관련 단원 (평가 영역)	평가 요소	평가 시기	평가 방법
국어	[2국04-01] 한글 자모의 이름과 소릿값을 알고 정확하게 발음하고 쓴다.	한글 놀이 (문법)	한글의 자음자를 알고 순서에 맞게 쓰기	4월	[실기] 자음자의 이름을 알아보고 연필을 바르게 잡고 따라 씀. 자음자의 쓰기 순서를 알고 순서에 맞게 자음자를 씀. 자음자의 소릿값을 알고, 정확하게 발음함.
국어	[2국02-01] 글자, 단어, 문장, 짧은 글을 정확하게 소리 내어 읽는다. [2국03-01] 글자와 단어를 바르게 쓴다.	3. 낱말과 친해져요 (쓰기, 읽기)	〈성취기준 통합평가〉 그림에 해당되는 낱말 쓰기	5월	[실기] 주어진 그림에 해당되는 낱말을 완성하여 쓰고 바르게 소리 내어 읽음.
국어	[2국06-01] 일상의 다양한 매체와 매체 자료에 흥미와 관심을 가진다. [2국05-01] 말놀이, 낭송 등을 통해 말의 재미와 즐거움을 느낀다.	4. 여러 가지 낱말을 익혀요 (매체, 문학)	〈성취기준 통합평가〉 학교와 이웃에 관련된 이야기를 듣고 말하기	6월	[구술, 자기평가] 학교와 이웃에 관련된 이야기를 듣고 이야기에 나오는 단어를 고르고, 친구들과 학교에 오면서 본 것에 대해 이야기를 나눔.
국어	[2국01-02] 바르고 고운 말로 서로의 감정을 나누며 듣고 말한다. [2국01-05] 듣기와 말하기에 관심과 흥미를 가진다.	5. 반갑게 인사해요 (듣기·말하기)	상황에 어울리는 인사말 하기	6월	[협력적 문제해결력 평가, 동료평가] 어울리는 표정과 적절한 목소리로 상황에 따른 인사말을 함. 상황에 알맞게 역할놀이를 함.
수학	[2수01-01] 수의 필요성을 인식하면서 0과 100까지의 수 개념을 이해하고, 수를 세고 읽고 쓸 수 있다.	1. 9까지의 수 (수와 연산)	1에서 9까지의 수 개념을 이해하며 쓰고 읽기	4월	[포트폴리오, 자기평가] 사물의 수를 세어 1부터 9까지의 수로 나타냄. 나타낸 수를 소리 내어 읽어봄.
수학	[2수03-01] 교실 및 생활 주변에서 여러 가지 물건을 관찰하여 직육면체, 원기둥, 구의 모양을 찾고, 이를 이용하여 여러 가지 모양을 만들 수 있다.	2. 여러 가지 모양 (도형과 측정)	직육면체, 원기둥, 구 모양의 물건을 같은 모양끼리 모으기	5월	[포트폴리오] 교실에서 볼 수 있는 여러 가지 물건을 같은 모양끼리 분류함.

	[2수01-06] 두 자리 수의 범위에서 덧셈과 뺄셈의 계산 원리를 이해하고 그 계산을 할 수 있다.	3. 덧셈과 뺄셈 (수와 연산)	10보다 작은 수의 범위에서 덧셈과 뺄셈하기	5월	[포트폴리오] 주어진 그림을 보고 10보다 작은 수의 범위에서 덧셈과 뺄셈을 계산함.
	[2수03-06] 구체물의 길이, 들이, 무게, 넓이를 비교하여 각각 '길다, 짧다', '많다, 적다', '무겁다, 가볍다', '넓다, 좁다' 등을 구별하여 말할 수 있다.	4. 비교하기 (도형과 측정)	무게, 길이, 넓이를 비교하여 말로 표현하기	6월	[구술, 포트폴리오] 두 물건, 세 물건의 길이, 들이, 넓이를 비교하고 '길다, 짧다', '많다, 적다', '무겁다, 가볍다', '넓다, 좁다' 등 비교하는 말을 사용하여 표현함.
통합 : 바른 생활	[2바01-01] 학교생활 습관과 학습 습관을 형성하여 안전하고 건강하게 생활한다.	사람들 (우리는 누구로 살아갈까)	올바른 기침 예절을 알고 지키기	4월	[구술, 동료 평가] 기침 예절이 필요한 이유를 알고, 놀이 활동을 통해 올바른 기침 예절과 기침 예절이 필요한 곳을 설명함.
	[2바02-02] 우리나라의 소중함을 알고 사랑하는 마음을 기른다.	우리나라 (우리는 어디서 살아갈까)	남한과 북한의 공통점과 차이점 알기	6월	[포트폴리오] 북한에 대한 영상과 사진을 보고 남한과 북한의 공통점과 차이점을 파악함. 제시된 그림을 보고 남북한의 공통점과 차이점을 구분함.
	[2바02-04] 새로운 활동에 호기심을 갖고 도전한다.	탐험 (우리는 어디서 살아갈까)	일상생활 속 물건의 이름을 알아맞히기	6월	[구술, 정의적 능력 평가] 일상생활 속에서 사용하는 물체의 일부분을 보고 물체를 추측함. 물체의 일부분을 보고 물체의 이름을 알아맞힘.
통합 : 슬기로운 생활	[2슬01-01] 학교 안팎의 모습과 생활을 탐색하여 안전한 학교생활을 한다.	학교 (우리는 누구로 살아갈까)	학교 안에 있는 여러 곳의 이름과 그곳에서 하는 일 알기	4월	[포트폴리오, 정의적 능력 평가] 학교 안에 있는 여러 교실(특별실)을 둘러보고 교실의 이름, 위치, 쓰임을 알맞게 연결함.
	[2슬01-03] 가족이나 주변 사람에게 관심을 갖고 함께 살아가는 모습을 탐구한다.	사람들 (우리는 누구로 살아갈까)	다양한 사람들의 생활 모습 표현하기	4월	[실기, 구술평가] 사람들이 살아가는 여러 모습을 조사하고 사람들의 특징이 드러나게 그림을 그림. 그림 속 사람들을 살펴보고 사람들의 생활 모습을 설명함.

131

	[2슬02-02] 우리나라의 모습이나 문화를 조사한다.	우리나라 (우리는 어디서 살아갈까)	우리나라를 대표하는 것 소개하기	6월	[포트폴리오] 우리나라를 대표하는 것에는 무엇이 있는지 떠올림. 우리나라를 대표하는 것들을 이용하여 소개 책을 만들고 꾸밈.
통합 :: 즐거운생활	[2즐01-03] 가족이나 주변 사람과 소통하며 어울린다.	사람들 (우리는 누구로 살아갈까)	가족을 떠올리며 노랫말 바꾸어 부르기	4월	[실기] 노랫말의 의미를 생각하며 가족과 관련된 전래 동요를 따라 부름. 가족을 떠올리며 노랫말을 바꾸어 부름.
	[2즐01-03] 가족이나 주변 사람과 소통하며 어울린다.	사람들 (우리는 누구로 살아갈까)	사람들 단원에서 배운 내용을 그림책으로 만들기	5월	[포트폴리오] 사람들 단원에서 배운 내용을 떠올리고 정리함. 주변 사람들에 대하여 배운 내용을 그림으로 표현하고 그림책을 만들어 전시함.
	[2즐01-01] 즐겁게 놀이하며, 건강하고 안전하게 생활한다.	우리나라 (우리는 어디서 살아갈까)	비사치기를 할 수 있는 다양한 방법을 알고 친구들과 함께 안전하게 놀이하기	6월	[실기] 비사치기를 할 수 있는 쉽고 다양한 방법을 배우고 친구들과 함께 즐겁고 안전하게 비사치기 놀이에 참여함.
창의적체험활동	학교 행사에 참여하여 집단생활에 필요한 바람직한 생활 태도와 협동적으로 활동할 수 있다.	자치 자율	학교 행사에 다른 사람들과 협력하여 활동하기	4- 6월	[협력적 문제해결력 평가, 자기평가] 여러 학교 행사(대피훈련, 생명존중교육, 통일교육, 환경교육, 사이버폭력예방교육 등)에 적극적인 태도로 협력하며 참여함.
	학급동아리의 다양한 활동 과정에 흥미를 느끼며 즐겁게 참여할 수 있다.	동아리	다양한 활동에 흥미를 느끼며 즐겁게 참여하기	5월	[포트폴리오, 자기평가] 놀이동요와 관련된 다양한 활동에 흥미를 느끼며 즐겁게 참여함.
	자신에 대해 올바르게 이해하고 꿈을 표현할 수 있다.	진로	자신이 좋아하는 것과 장점을 알고 꿈 찾아 소개하기	4월	[구술, 포트폴리오] 자신이 잘하는 것과 좋아하는 것을 찾아 꿈을 표현하여 친구에게 소개함.

2024학년도 1학년 2학기 학생 성장 중심 평가 계획

교과	성취 기준	관련 단원 (평가 영역)	평가 요소	평가 시기	평가 방법
국어	[2국02-01] 글자, 단어, 문장, 짧은 글을 정확하게 소리 내어 읽는다. [2국04-02] 소리와 표기가 다를 수 있음을 알고 단어를 바르게 읽고 쓴다. [2국03-01] 글자와 단어를 바르게 쓴다.	2. 낱말을 정확하게 읽어요 (읽기, 쓰기)	〈성취기준 통합평가〉 겹받침이 있는 낱말을 바르게 읽고 쓰기	9월	[구술] 받침에 자음자가 두 개인 글자를 찾아보며 겹받침이 들어간 낱말이 있음을 이해함. 겹받침이 들어간 낱말을 올바르게 고쳐 쓰고 정확하게 발음함.
	[2국01-04] 자신의 경험이나 생각을 바른 자세로 발표한다. [2국03-04] 겪은 일을 표현하는 글을 자유롭게 쓰고, 쓴 글을 함께 읽고 생각이나 느낌을 나눈다. [2국06-02] 일상의 경험과 생각을 글과 그림으로 표현한다.	3. 그림일기를 써요 (매체, 듣기·말하기)	〈성취기준 통합평가〉 경험한 것을 글과 그림으로 나타내고 발표하기	10월	[구술, 논술형 평가] 자신이 겪은 일 중에서 기억에 남는 일을 떠올려 그림일기를 씀. 그림일기를 보고 고칠 점을 생각해 봄.
	[2국04-02] 소리와 표기가 다를 수 있음을 알고 단어를 바르게 읽고 쓴다.	5. 생각을 키워요 (문법)	글자를 바꾸어 뜻이 다른 낱말 만들기	11월	[협력적 문제해결력 평가] 여러 가지 글자에서 자음, 모음, 받침을 바꾸어 다양한 낱말을 만들어 봄.
	[2국05-02] 작품을 듣거나 읽으면서 느끼거나 생각한 점을 말한다. [2국02-05] 읽기에 흥미를 가지고 즐겨 읽는 태도를 지닌다.	5. 생각을 키워요 (문학)	책에 흥미를 갖고 독서 계획을 세워서 실천하기	11월	[포트폴리오] 도서관에서 읽고 싶은 책을 찾아 독서 계획표에 책의 제목을 기록함. 한 달 동안 꾸준하게 책을 읽고 책에서 재미있거나 기억에 남는 부분을 기록함.
수학	[2수01-01] 수의 필요성을 인식하면서 0과 100까지의 수 개념을 이해하고, 수를 세고 읽고 쓸 수 있다. [2수01-03] 네 자리 이하의 수의 범위에서 수의 계열을 이해하고, 수의 크기를 비교할 수 있다.	1. 100까지의 수 (수와 연산)	100까지 수의 순서를 알고 크기 비교하기	9월	[구술] 수 배열표를 이용하여 100까지 수의 순서를 알아보게 함. 두 수의 크기를 비교하여 말함.

133

	[2수03-07] 시계를 보고 시각을 '몇 시 몇 분'까지 읽을 수 있다.	3. 모양과 시각 (도형과 측정)	시계를 보고 시각을 읽어 시각을 시계로 나타내기	10월	[포트폴리오] 시계를 보고 시각을 쓰고 읽게 함. 몇 시, 몇 시 30분을 시계에 나타내어 봄.
	[2수01-06] 두 자리 수의 범위에서 덧셈과 뺄셈의 계산 원리를 이해하고 그 계산을 할 수 있다.	4. 덧셈과 뺄셈(2) (수와 연산)	(몇)+(몇)=(십몇), (십몇)-(몇)=(몇)의 계산 원리를 이해하고 계산하기	11월	[서술형 평가] (몇)+(몇)=(십몇), (십몇)-(몇)=(몇)의 계산 원리를 이해하고 계산함.
	[2수02-01] 물체, 무늬, 수 등의 배열에서 규칙을 찾아 여러 가지 방법으로 표현할 수 있다. [2수02-02] 자신이 정한 규칙에 따라 물체, 무늬, 수 등을 배열할 수 있다.	5. 규칙 찾기 (변화와 관계)	자신이 정한 규칙에 따라 물체, 무늬, 수 등을 배열하기	11월	[논술형 평가] 규칙을 만들어 물체, 무늬, 수를 배열하고 규칙을 설명함.
통합: 바른 생활	[2바01-01] 학교생활 습관과 학습 습관을 형성하여 안전하고 건강하게 생활한다.	약속 (우리는 지금 어떻게 살아갈까)	킥보드를 탈 때 지켜야 할 안전 수칙 알아보기	10월	[구술, 자기 평가] 킥보드를 타는 올바른 방법을 알고, 스스로의 킥보드 이용 습관을 점검함.
	[2바04-02] 다양한 생각이나 의견에 대해 개방적인 태도를 형성한다.	상상 (우리는 무엇을 하며 살아갈까)	다른 사람을 도울 수 있는 새로운 능력을 상상하기	11월	[구술] 새로운 능력을 자유롭게 상상하고 그 능력으로 다른 사람을 도울 수 있는 방법을 발표함.
통합: 슬기로운 생활	[2슬03-01] 하루의 변화와 사람들이 하루를 살아가는 모습을 탐색한다.	하루 (우리는 지금 어떻게 살아갈까)	매일 해야 하는 일을 알고 하루 일과 계획하기	9월	[포트폴리오, 정의적 능력 평가] 매일 스스로 실천해야 하는 일을 떠올리고 하루 일과 실천 카드를 만들어 다짐함.
	[2바03-04] 공동체 속에서 지속 가능성을 위한 삶의 방식을 찾아 실천한다.	약속 (우리는 지금 어떻게 살아갈까)	물을 아끼는 방법을 알고 꾸준히 실천하기	10월	[구술, 포트폴리오] 물을 아끼는 방법을 알고 친구들에게 설명하며 물 절약을 생활화함.
	[2슬04-02] 상상한 것을 다양한 매체와 재료로 구현한다.	상상 (우리는 무엇을 하며 살아갈까)	오감을 이용하여 물건 상상하기	11월	[구술] 오감을 이용하여 상자 안에 든 여러 가지 물건을 상상하고 알아맞힘.

통합 :: 즐거운 생활	[2즐03-04] 안전과 안녕을 위한 아동의 권리가 있음을 알고 누린다.	약속 (우리는 지금 어떻게 살아갈까)	다른 사람의 권리를 존중하며 약속 나무 만들기	10월	[실기, 정의적 능력 평가] 나와 다른 사람의 권리를 존중하는 방법을 알고 친구들과 협동하여 약속 나무를 만듦.
	[2즐01-01] 즐겁게 놀이하며, 건강하고 안전하게 생활한다.	상상 (우리는 무엇을 하며 살아갈까)	다른 친구와 협력하여 컵 쌓기	11월	[실기] 컵을 쌓는 순서와 허무는 순서를 이해하고 팀에서 목표한 시간만큼 시간을 줄이기 위해 연습하고 이 과정에서 협력함.
	[2즐04-03] 생각이나 느낌을 살려 전시나 공연 활동을 한다.	이야기 (우리는 무엇을 하며 살아갈까)	노랫말과 어울리는 동작을 만들고 발표하기	12월	[실기] 노랫말과 어울리는 동작을 만들고 노래를 부르며 친구들 앞에서 발표함.
창의적 체험 활동	학교 행사에 참여하여 집단생활에 필요한 바람직한 생활 태도와 협동적으로 활동할 수 있다.	자치 자율	학교 행사에 다른 사람들과 협력하여 활동하기	10-11월	[협력적 문제해결력 평가, 자기평가] 여러 학교 행사(소방훈련, 독도사랑교육, 장애이해교육, 아동학대예방교육, 재난안전교육)에 적극적인 태도로 협력하며 참여함.
	학급동아리의 다양한 활동 과정에 흥미를 느끼며 즐겁게 참여할 수 있다.	동아리	다양한 활동에 흥미를 느끼며 즐겁게 참여하기	11월	[포트폴리오, 자기평가] 놀이동요와 관련된 다양한 활동에 흥미를 느끼며 즐겁게 참여함.
	흥미, 소질, 적성을 파악하여 자신에 대해 알고, 직업 세계에 대해 알 수 있다.	진로	꿈끼성장발표회에서 나의 재능을 발표하기	11월	[실기, 동료평가] 자신의 재능을 찾아 준비하여 꿈끼성장발표회에 자신있게 발표하고 즐겁게 참여함.

평가 용어 안내

- 단원평가: 한 단원을 학습한 이후에 학습정도를 파악하는 평가(100점, 95점 등으로 표기)로 수학이나 국어 과목에서 주로 시행됨. 점수가 직접적으로 표기되어 아이들이 중요하게 생각하지만 기록으로 남는 평가는 아님.

- 수행평가: 학기 중 수시로 진행되며 아이의 성취를 논술형 평가, 실기 평가, 동료 평가, 자기 평가, 정의적 평가 등 다양한 기준으로 해석함. 교사마다 평가의 종류나 기준이 다르며, 매우 잘함, 잘함, 보통, 노력 요함으로 표기되며 기록에 남음.

2024년부터 적용된
2022 개정 교육과정

2024년에 입학하는 초등학교 1학년이 7년 만에 개정된 2022년 교육과정의 첫 대상자였습니다. 2022 교육과정은 기존 학자와 교수 중심의 편성에서 벗어나 전 국민이 함께하는 교육과정이라는 점에서 역대 최대 현장 반영 교육으로 기대되고 있지요.

💡 교육과정 및 교과서의 단계별 적용 계획

이러한 변화는 자기주도적인 사람, 창의적인 사람, 교양 있는 사람, 더불어 사는 사람이라는 인간상을 표상하며 자기 관리 역량, 지식 정보 처리 역량, 창의적 사고 역량, 심미적 감성 역량, 협력적 소통 역량, 공동체 역량을 기르기 위해 기획되었습니다.

학부모님 입장에서는 도대체 왜 자꾸 교육과정을 바꾼다고 하는 건지 의

아해하시는 분들도 많으실텐데요. 현장의 요구를 반영하는 것이라고 생각해 주시면 됩니다. 즉 사회는 변하고 있는데 옛날 교수법과 학습 내용으로 아이들을 지도하지 말아달라는 요구가 반영된 것이지요. 교육과정 개정은 입시와 영향이 있으니 2025 고교학점제와 같이 일부 민감한 상황들은 계속 주시해서 살펴보아야 합니다.

이번 개정된 교과의 구체적 내용을 살펴보면 가장 눈에 띄는 것은 초등 저학년의 한글 및 기초 문해력 교육 강화를 위해 국어 시간이 34시간 추가 확대되었다는 것이지요. 수학의 경우는 수와 연산, 변화와 관계, 도형과 측정, 자료와 가능성 등으로 초·중학교의 핵심 아이디어, 내용, 체계 등을 통합적으로 제시하려 했다는 점입니다. 마지막으로 초등 통합교과(바른생활, 슬기로운 생활, 즐거운 생활)에서는 놀이 활동 중심, 신체 활동 강화로 이어지고 안전한 생활이 별도 교과가 아니라 통합교과와 연계된 실천, 체험으로 진행된다는 것이지요.

학부모님들이 경험하는 초등학교 1학년의 가장 큰 변화는 '한 달에 하나씩 공부하는 주제별 교과서'가 되리라 생각합니다. 학부모님들이 배웠던 바른 생활, 슬기로운 생활, 즐거운 생활이 2009년 봄, 여름, 가을, 겨울로 개정되었다면 2024년도부터는 학교, 우리나라, 사람들, 탐험이라는 교과서로 바뀌었습니다.
초등학교 1학년 교육과정의 목적은 '생활습관과 학습 태도를 형성하여 안전하고 건강하게 생활한다'는 것입니다. 본질은 교육과정의 변화에도 흔들리지 않는다는 사실을 알 수 있습니다.

💡 시기별 교육과정 변화와 목적

제4차(1981)	교과서 개발 ⇒ 교과 통합 예시
제5차(1987)	교육과정 개발
제6차(1992)	교육과정 원교과 조정
제7차(1997)	교육과정 활동 주제 도입(슬)
2007 개정	교육과정 주제 체계 통일
2009 개정	교육과정 주제 통일
2015 개정	교육과정 주제 조정
2022 개정	주제 개발권 현장 이양

반 편성

아이들의 평가가 완료되는 12월 말, 학교에서는 반 편성을 시작합니다. 앞서 말씀드렸듯이 1학년 입학 때에는 아이들에 대한 정보가 부족하기 때문에 태어난 달 등을 기준으로 삼지만 학기말에는 1년 동안 아이들을 지도하며 개개인의 특성을 파악한 내용을 반 편성 자료로 활용합니다.

아시다시피 학교에는 다양한 특성을 가진 아이들이 있습니다. 따라서 반 편성에도 이러한 특성이 고루 섞이도록 반영하는데요. 학습 부진, 문제 행동, ADHD, 가정 환경 등 여러 가지를 고려해 특정한 반으로 쏠리지 않도록 학급을 나눕니다. 만약 1학년 생활 중에 학교 폭력 관련 사항이 있었거나 쌍둥이가 분반을 희망할 경우에는 수용하여 반영합니다.

출산율 저하로 아이들의 수가 줄어들면서 한 학년이 2~3개 반인 경우가 흔한데, 이런 경우 고학년이 될수록 반을 다양하게 배정하기 어려운 형편입니다.

학부모님들이 많이 궁금해하시는 것 중 하나가 우리 아이와 특정 아이를 같은 반에 배정해 줄 수 있는지인데요. 이것은 불가능합니다. 앞서 말씀드린 학교 폭력 등 위중한 문제가 아니라 단순히 친교에 의한 이유라면 수용하지 않습니다. 학교에서는 그런 내용을 청탁으로 간주할 수 있기 때문인데요. 특수한 몇몇 경우를 제외하고는 원칙에 의거해서 학급을 편성합니다.

아이들은 이제 선생님과 헤어진다는 생각에 아쉬움을 표하기도 하고, 실제로 "선생님, 저희랑 같이 2학년에 가시면 안 돼요?"라고 조르기도 하는데요. 이는 교사의 가치관과 학교 사정에 따라 결정할 수 있습니다. 저는 되도록 연임을 하지 않는 편인데요. 왜냐하면 연임을 한 적이 있었는데, 일부 아이들은 저와 함께 1년을 보냈던 터라 저를 친숙하게 여기고, 나머지 아이들은 작년에 누구누구네 반 선생님이라는 생각을 해서인지 첫날부터 소외감을 느끼는 게 분명하게 보였기 때문입니다. 그 이후 같은 학년을 연달아 맡는 중임은 해도, 아이들과 함께 한 학년 위로 올라가는 연임은 피하려고 하고 있습니다.

초등학교 1학년을 맡아 가르치는 과정은 교사에게 정말 특별하고 소중합니다. 하루하루 커가는 아이를 보며 마음이 벅찰 때가 한두 번이 아닙니다. 실제로 1년 동안 가장 많이 성장하는 게 초등학교 1학년 시절이기도 하고요. 그 시절 아이는 부모님과 담임 선생님이 함께 키워냈다고 해도 과언이 아닐 만큼 많은 애정과 관심을 받기도 합니다. 따라서 초등학교 1학년을 마무리할 때 아이가 학교에 잘 적응할 수 있도록 도와주신 선생님께 진심으로 감사 인사를 전하면 어떨까요? 학부모님께서 보내주신 응원과 애정을 바탕으로 또다시 1년을 보낼 수 있을 것 같습니다.

Chapter 4

교과서 밖

우리 아이 성장하기

관계 맺기

초등학교 1학년의 가장 큰 목표는 학교 적응입니다. 이를 위해서 선생님, 친구들과 좋은 관계를 맺는 것이 첫 번째이지요. 1학년 아이들 중에 담임 선생님과의 갈등을 겪는 친구는 정말 극소수입니다. 선생님들께서 대부분 너그러운 마음으로 아이들을 살펴봐주시기 때문이지요. 만약 선생님께서 교우 관계에서 특별히 부족한 점에 대해 언급을 해주셨다면 언짢아하지 마시고 도움의 손길을 잡아주세요.

아이가 초등학교에 입학하면서 친구 관계가 학교 생활에 얼마나 중요한 영향을 끼치는지는 시간이 지날수록 더욱 와닿습니다. 실제로 교우 관계에 어려움을 겪게 되면 학교에 가기 싫다고 떼를 쓰거나 아침마다 배가 아프다고 하는 등 극심한 스트레스를 받기도 합니다.

사회생활을 배우는 첫 단추인 초등학교 1학년 시절은 그런 면에서 더욱 중요합니다. 친구들과의 관계를 통해서 소통과 사회성을 발전시킬 수 있고, 대화하고 놀이하는 과정 속에 타인과의 협력과 배려를 배울 수 있습니다. 또한 친구들 사이에서 서로를 이해하고 신뢰하는 과정을 통해 자신감이 생기고 어려운 상황에서 도움을 받을 수 있는 문제 해결 능력도 향상할 수 있지요. 이러한 긍정적인 친구 관계는 아이들이 건강하게 성장하고 올바른 인간관계를 형성하는 데 가장 처음 경험하는 순간이자 밑거름이 될 것입니다.

초등 1학년, 어떤 친구들이 인기가 많냐면요

1. 먼저 다가갈 줄 아는 아이

우리는 일반적으로 나에게 호의적인 사람에게 마음을 엽니다. 특히 초등학교 입학과 동시에 낯설고 긴장 속에 있는 상황이라면 더더욱 그렇지요. 실제로 초등학교 1학년 반에서는 먼저 인사를 하고, 이름을 묻고, 말을 걸어주는 친구를 좋아합니다. 이런 친구들을 보면 어릴 때부터 부모님과 어른들이 호의적으로 대했다는 것을 알 수 있지요. <u>스스럼없이 다가가고 어색한 상황도 다양한 소</u>재의 이야깃거리를 통해 잘 풀어나갑니다. 이것은 무조건 대화를 주도해야 된다는 걸 의미하지 않습니다. 때로 자기 주장이 너무 센 친구는 상대를 자신의 뜻대로 이끌어 나가려는 경향이 있는데 이런 친구들은 중학년이 되면서 오히려 교우 관계에 문제가 생길 수 있지요. 결국 먼저 다가가지만 친구와의 적정한 거리를 잘 유지하는 아이가 인기가 많습니다.

2. 자신의 것을 나누어줄 줄 아는 아이

유독 욕심이 많은 친구들이 있습니다. 두 개를 가지고 있지만 절대 나누어주고 싶지 않은 아이들이지요. 때로는 필통을 까먹고 못 갖고 온 아이가 짝꿍에게 연필이나 풀을 빌려달라고 하는데도 이를 매몰차게 거절하는 경우가 생깁니다. 그럴 때 선생님인 제가 "○○에게 연필 빌려줄 사람?"이라고 외치면 다섯 명 정도의 아이가 손을 번쩍 듭니다. 한 발 더 나아가 묻기도 전에 옆에서 상황을 지켜보다가 "내가 빌려줄까?" 하고 먼저 다가가는 아이도 있지요. 당연히 친구들이 좋아할 수밖에 없습니다.

반대로 특이한 펜을 가지고 와서는 자랑하고, 한번 써보자고 하면 절대 그럴 수 없다고 하며 벌컥 화를 내는 친구는 아이들이 꺼릴 수밖에 없겠지요.

가끔 상담을 하다가 부모님들께 아이가 다른 친구들을 배려하고 잘 나누어준다는 칭찬을 하면 근심 어린 표정을 하고는 "자기 것도 챙기지 못하고 남들에게 다 줘버리면 어쩌지요? 그건 별로 좋지 않은 성격 아닐까요? 요즘처럼 이렇게 경쟁이 심한 사회에서 저희 아이만 뒤처질까 걱정되어요"라고 하시는 경우가 있습니다만, 제 20년 교사 경력을 걸고 말씀드립니다. 그런 일은 결코 없습니다. 잘 베풀 줄 아는 아이가 자신이 취해야 할 때도 잘 알고 있기 때문이지요. 혼자 독식하려는 태도보다 다른 사람을 배려하고 나누며 살아갈 수 있도록 집에서부터 미리 연습시켜 주시기 바랍니다.

3. 스스로 해야 할 일을 하는 아이

초등학교 1학년이라면 누구나 칭찬을 받고 싶어합니다. 특히 선생님이라면 칭찬에 대한 갈망이 더 클 것입니다. 선생님들 역시 이런 아이들의 마음을 알기 때문에 최대한 골고루 충분히 칭찬해 주려고 노력합니다. 이런 모습을 보고 때때로 시샘하는 친구들도 있지만, 대개 선생님께 칭찬 받은 친구를 부러워하고 동경하지요.

그렇다면 어떤 아이들이 선생님의 칭찬을 받는 걸까요? 단순합니다. 자신의 일을 스스로 하는 아이, 자신을 일을 끝내고 조용히 다른 친구를 도와주거나 해야 할 일을 알아서 찾는 아이, 바른 자세로 학습하는 아이, 인사 잘하는 아이, 친구와 사이좋게 지내는

아이 등입니다. 그리고 무엇보다 중요한 건 척척 잘해내는 것보다
는 서툴지만 노력하는 모습을 보이는 친구랍니다.

좋은 친구가
되려면

제가 20년 동안 수많은 아이들과 함께 생활하면서 교우 관계에 좋지 않은 영향을 끼치는 몇 가지 유형을 발견할 수 있었습니다. 가정에서 우리 아이가 아래 항목에 해당하는지 체크해 주세요.

1. 말을 걸어도 대답하지 않기

2. 같이 놀자고 해도 반응하지 않기

3. 자기 마음대로만 하려고 하기

4. 마음대로 안 되면 소리 지르거나 욕하기

5. 함께 놀고 정리 안 하기

6. 계속 징징 울기

특히 요즘 아이들은 저희 때와 달리 외모에도 민감해서 항상 청결(양치나 샤워 등)에 신경 써야 합니다. 무심코 코를 파거나 신체 주요 부위를 긁고 있지 않도록 가정에서 지도해 주세요.

다음은 제가 초등학교 1학년 친구들에게 추천하고 싶은 책입니다. 아이와 함께 읽어보고 반대로 하려면 어떻게 해야 할지 이야기 나누어 보세요.

친구를 모두 잃어버리는 방법 (글·그림 낸시 칼슨, 신형건 옮김, 보물창고)	
1. 절대로 웃지 말기	
2. 모두 독차지하기	
3. 심술꾸러기 되기	
4. 반칙하기	
5. 고자질하기	
6. 앙앙 울기	

친구 사이에 갈등이 일어난다면

1학년 아이들 사이에서 갈등이 일어나는 경우를 살펴보면 크게 다음과 같습니다. 지나치게 자기중심적인 아이(하기 싫으면 아예 참여도 안 하고 자기가 주인공일 때만 움직이는 아이), 말과 행동이 거친 아이(나쁜 말을 쓰거나 친구에게 위협을 가하는 행동을 하는 아이), 계속해서 징징거리거나 짜증을 내는 아이 등입니다.

학부모님과 교우 관계에 대해 상담을 하다 보면 가장 난감한 순간이 "우리 애가 그럴 리 없는데요"라고 하실 때입니다. 집에서는 아이 중심으로 모든 것이 맞춰지기 때문에 특별히 갈등이 일어날 요소가 없습니다. 그러나 학교에서 여러 아이들과 함께 생활하면서 자신의 욕구대로 할 수 없을 때가 많습니다. 그럴 때 갈등 관계에 처하기도 하지요. 한없이 순진해 보이는 아이들이지만 때때로 이 아이가 다른 친구를 따돌리고 상처를 입히는 가해자가 되기도 합니다.

우리 아이가 친구를 괴롭히거나 다른 아이를 따돌리고 있다는 것을 알게 되면 어떻게 해야 할까요? 최근 학교 폭력이 매우 예민한 사안으로 간주되고 있습니다. 과거에는 친구들끼리 일어날 법한 사소한 갈등도 심각한 학교 폭력으로 인식되기도 하고요. 따라서 교우 관계에 대해 경각심을 갖고 세심하게 대처할 필요가 있습니다.

지속적이고 고의적인 괴롭힘이 아니라 일시적 다툼이라면 다음과 같이 해결하도록 합니다.

1. 잘못된 행동에 대해 지적하고, 그런 행동은 절대 해서는 안된다고 따끔하게 훈육합니다.
2. 해당 친구에게 진심으로 사과하도록 합니다.
3. 아이가 힘들어하면 선생님의 도움을 받습니다.

이때 주의할 점은 아이들의 사소한 갈등에 부모님들이 직접 나서서 해결하려고 하면 안 된다는 점입니다. 아이들이 걱정되는 마음은 충분히 이해하지만 이런 경우 자칫 더 큰 오해를 불러일으킬 수 있다는 걸 기억해 주시기 바랍니다. 친구에게 고의로 위협을 가하는 등 심각한 수준의 문제가 아니라면 아이들끼리 해결하는 것이 가장 좋습니다. 앞으로 교우 관계를 스스로 이끌어가는 훈련이 되어주기도 하고요. 만약 이것이 어렵다면 부모님이 아닌 선생님의 도움을 받도록 해주세요.

아이들이 자라나는 과정에서 서로 갈등이 없을 수가 없습니다. 이러한 갈등을 슬기롭게 해결해 나가는 연습을 통해 한 뼘 더 성장하기 때문에 불안하고 조급하더라도 좀 더 넓은 마음으로 기다려 주세요. 아이가 속상해한다고 해서 부모님이 너무 감정적으로 대응하게 되면 오히려 해결의 실마리를 찾기 어려워질 수도 있습니다. 친구와 갈등 해결을 위해 방법을 모색하고 서로 양보하는 과정에서 아이도 관계를 배우게 됩니다.

엄마들과의 관계

민준이는 무척 바쁜 아이였습니다. 학원을 마치고 나면 엄마 손에 이끌려 놀이터, 키즈카페, 생일파티 등등 하루도 빠짐없이 스케줄이 꽉 차 있었습니다. 민준이 엄마는 내성적인 민준이가 더 많은 친구들과 어울려 놀 수 있도록 해주고 싶었던 것이지요. 민준이 엄마는 축구, 숲 체험, 천문대 견학 등등 친구들과 함께하는 활동이라면 빠지지 않고 참여했습니다. 그러다 어느 날 문득 헛헛함이 찾아왔습니다. 정작 가족과 함께한 추억은 거의 없었기 때문입니다. 민준이 엄마는 저와 상담 시간에 이렇게 토로하셨습니다. "억지로 친구를 만들어주려고 그동안 에너지를 너무 많이 소모했어요. 저도, 민준이도요."

엄마들의 모임
꼭 참여해야 하나요?

꼭 그런 것은 아닙니다. 특히나 기질적으로 낯선 사람과 어울려 지내기 힘들어하는 분들이 있는데, 이런 경우 굳이 스트레스를 받아가면서 학부모 모임에 참여할 필요는 없습니다.

솔직히 말해 초등학교 저학년의 경우 엄마가 어떤 자리에 참석하고, 어떤 아이의 엄마와 친하게 지내느냐에 따라 아이의 교우 관계가 바뀌기는 합니다. 자주 함께 시간을 보내고, 학원을 같이 다니면 당연히 친해질 수밖에 없지요. 하지만 이러한 엄마의 개입은 제가 보기에 딱 2학년까지만 적용되는 것 같습니다. 자신과 마음이 잘 맞고, 관심사가 비슷한 친구를 골라서 사귀게 되는 게 3학년이거든요. 그래서 오히려 3학년 즈음이 되면 "저는 아이가 이 친구랑 놀면 좋겠는데, 자꾸 딴 친구랑만 지내려고 해요" 라는 엄마들의 고민을 심심치 않게 들을 수 있습니다. 이건 부모가 아이의 특징을 잘 모르기 때문에 벌어지는 일입니다. 아이가 자신의 성향에 따라 친구를 선택할 수 있다는 걸 받아들이는 게 좋습니다.

만약 모임에 참여하는 게 그리 부담스럽지 않다면 시간을 내어 한번 참석해 보는 것도 나쁘지 않습니다. "엄마들끼리 모임은 에너지 소모야" 같은 편견을 내려놓고 조금 열린 마음으로 다가가는 거죠. 엄마들의 모임을 통해 얻을 수 있는 이점도 많습니다. 효과적인 학습법이나 교육 행사에 대한 정보도 얻을 수 있고, 여럿이 모여 체험학습을 즐길 수도 있지요. 특히 워킹맘의 경우 좋은 관계를 유지하면 급할 때 유용한 도움을 받을 수도 있습니다.

저는 사람 만나는 걸 좋아하는 성격이다 보니 큰 부담 없이 엄마들 모임에 참석했습니다. 평일 낮 시간은 어렵더라도 퇴근 후 생기는 모임에는 가급적 나가려고 했지요. 아이들끼리 소그룹으로 묶이게 되는 운동 모임이나 숲 체험 같은 행사에도 빠지지 않고 참여했습니다. 굳이 어떤 정보를 얻거나 이익을 보겠다는 목적이 아니라 또래 아이를 키우는 동료를 만난다는 마음이면 훨씬 부담이 덜하더라고요.

제가 지금까지 만났던 모임 중 가장 특별한 것은 '놀이터 모임'입니다. 학교나 학원이 끝나고 아이와 함께 놀이터에 들르곤 했는데, 그곳에서 친해진 일곱 명이 자연스럽게 그룹으로 형성된 것입니다. 이미 아이들끼리 친해져 있던 상황이다 보니 엄마들끼리도 마음의 부담이 덜했고, 아이들 성향이 비슷했던 것처럼 엄마들의 성향 역시 비슷해서 금세 친해지게 되었죠. 그 모임은 몇 년이 지난 지금까지도 지속되고 있습니다.

간혹 어떤 분들은 더 친해지고 싶은 마음에 무리해서 관계를 확장시키려고 하시는데요. 파자마 파티나 가족끼리 캠핑 가기 등 사적인 부분까지 지나치게 공유하게 되는 경우죠. 물론 좋은 인간관계로 이어질 수도 있지만 자칫 아이의 교우 관계를 단절시키는 부작용을 낳기도 합니다. 만약 사소한 일로 그 친구와 관계가 소원해지면 감당할 수 없는 배신감을 느끼기도 하고요.

모든 사람 사이의 관계는 적당한 거리가 필요합니다. 개인적인 의견입니다만 아이와 친하게 지낸다는 이유로 마치 나의 가족처럼 거리감 없이 지내는 것은 추천하고 싶지 않습니다. 이 외에 엄마들과의 관계에서 뒷담화와 말 옮기기, 지나친 아이 자랑은 삼가는 것이 좋습니다.

선생님과의 관계

세영이는 상당한 개구쟁이입니다. 수업 중에 돌아다니는 것은 물론 난데없이 옆돌기를 하기도 하고 복도와 계단에서 소리를 지르며 뛰어다니죠. 세영이의 행동을 제지하며 부모님께 전화해서 말씀드린다고 하면 눈물을 보이며 잘못했다고 용서를 구합니다. 알고 보니 집에서 "너, 선생님이 전화하기만 해. 가만 안 둘 거야!"라는 말로 아이를 혼낸 적이 있었던 거죠. 워낙 개구쟁이다 보니 학교에서 선생님 말씀을 잘 들으라는 의미로 하신 말이겠지만 아이 입장에서 선생님의 상담 전화는 절대 일어나서는 안 되는 공포 그 자체가 되어버린 것입니다.

진호 역시 선생님의 전화를 두려워하는 아이입니다. 엄마가 선생님과 전화 통화하며 나누는 대화를 스피커폰으로 아이에게 그대로 들려주셨기 때문이죠. 사실 선생님과 부모님은 아이의 바른 성장을 위해 협력하는 관계인데요. 여과 없이 어른들의 이야기를 듣게 되면서 선생님의 전화는 무섭다라는 의식이 굳어져 버린 것입니다.

유치원이나 어린이집에서는 매일매일 아이의 일상을 어플이나

SNS 등을 통해 공유하지요. 그러다 보니 부모 입장에서는 아이의 학교 생활이 궁금할 수밖에 없습니다. 수업은 잘 듣는지, 밥은 잘 먹는지, 친구들이랑 사이 좋게 지내는지, 발표는 잘하는지 등등 궁금한 게 많지만 그 모든 것들을 일일이 선생님께 물을 수는 없으니까요. 결론만 말씀드리면 학교에서는 문제가 있으면 바로 연락을 드립니다. 우리 아이에 대해 아무 말씀이 없다면 크게 걱정할 상황이 아니라는 거죠.

일반적으로 학교에서는 3월 중순과 9월 중순경에 학부모 상담 주간을 운영합니다만, 그 외에 학부모님이 요청할 경우 수시로 상담이 가능합니다. 이때 아래 몇 가지 사항을 지켜주시면 원활한 상담에 도움이 된답니다.

1. 어떤 문제에 대해 상담을 원하는지 문자나 학급 커뮤니티 등을 통해 미리 알려주세요. 선생님이 문제를 파악할 시간이 필요합니다.
2. 당일에 연락 없이 찾아오거나 바쁜 시간대는 피해 주세요. 보통 선생님들은 아이들을 하교시키고 난 뒤 행정업무를 시작합니다. 또 학교마다 다르기는 하지만 일반적으로 월요일과 수요일 3시 전후로 회의와 필수 연수가 진행됩니다.

3. 학기 초, 학기말은 피해주세요. 학기 초와 말은 교사가 해야 할 업무가 산더미처럼 많습니다. 또 학기 초는 상담을 할 정도로 아이에 대한 정보가 충분하지 못하고요. 선생님이 아이에 대해 충분히 관찰하고 상담에 응할 수 있도록 도와주세요.

4. 선생님의 조언을 감정적으로 받아들이지 말아주세요. 교사도 인간이라, 아이의 문제점에 대해 이야기하기 어렵습니다. 아이의 미래를 위해 불편하지만 솔직하게 말씀드리는 거죠. 감정적으로 받아들이기보다는 아이의 성장을 위한 밑거름으로 받아주시면 좋겠습니다.

5. 아이의 말만 듣고 섣불리 행동하지 말아주세요. 일부러 거짓말을 하는 것은 아니지만 아직 어리다 보니 자신에게 유리하게 말할 수 있습니다. 교우 관계 등에서 문제가 생겼을 경우 어떻게 된 일인지 선생님이 상황을 파악할 수 있는 시간을 주세요.

6. 아이의 단점을 지나치게 부각하지 말아주세요. 아이들은 누구나 장단점을 갖고 있습니다. 부족한 것은 채워가면 됩니다. 아이의 단점을 지나치게 부각하면 선생님도 알게 모르게 아이에 대한 잘못된 선입견이 생길 수 있습니다. 실제로 학교에서는 잘 지내는 아이였는데, 어머니께서 아이가 집에서 매일 욕하면서 물건을 집어던진다는 분이 계셨습니다. 그 이후 아

이를 보는 제 시선이 결코 전과는 똑같을 수 없겠지요. 아이가 행복한 학교 생활을 보낼 수 있도록 돕는다는 상담의 목적을 꼭 기억해 주세요.

7. 반드시 대면 상담이 필요한 것은 아닙니다. 선생님을 만나기 부담스럽거나 시간이 여의치 않다면 전화나 문자 상담을 요청해 주세요. 교사 입장에서 대면과 비대면 상담의 질적 차이는 전혀 존재하지 않는답니다.

8. 선생님을 존중해 주세요. 은근슬쩍 반말을 한다거나, "선생님이 애를 안 낳아봐서 모르시는 거예요", "아들을 안 키워봐서 그래요" 같은 이야기는 선생님에 대한 기본적인 신뢰가 없음을 보여줍니다. 아무리 어리고 경험이 부족하더라도 선생님에 대한 예의를 지켜주세요.

선생님께
전화드려도 되나요?

학부모님께서 교사에게 전화를 할 경우 가장 먼저 생각해야 할 것은 목적입니다. 21년 차 교사인 저도 전화에 대한 안 좋은 추억이 여럿 있는데요. 왜 개인 휴대폰 번호를 알려주지 않냐는 학부모님들의 불만은 물론이고, 이른 새벽과 밤 10시 이후에도 사소한 문제로 전화를 여러 번 받아보았습니다. 솔직히 말해 불편하고 기분이 좋지 않았죠. 중요한 내용도 아니었습니다. 아이가 숙제를 못했는데 혼내지 말아달라거나 오늘 준비물이 뭐냐는 것 등이었죠. 정말 그런 학부모가 있냐고 되물으신다면 정확히 말씀드릴 수 있습니다. 네, 있습니다.

최근에는 선생님의 인권을 보호하는 차원에서 개인 전화번호를 공개하지 않기도 합니다. 다양한 학습 소통망(하이클래스, 클래스팅, 밴드, 오픈 채팅 등등)을 통해 소통하는 데 아무런 문제가 없기 때문이죠.
다만 아이의 안전과 관련된 문제는 지체 없이 알려주시기 바랍니다. 한 번도 선생님께 전화드릴 일이 없었다는 민서 어머니는 민서랑 이야기를 나누던 와중에 공원에서 아이들이 문방구에서 파는 작은 칼을 휘두르고 있다는 것을 알게 되었습니다. 민서 어머니는 바로 저에게 전화를 주셨고 제가 즉시 현장으로 나가 지도했던 사례가 있었습니다.

이런 예외적인 경우가 아니라면 학급 소통망을 이용해 주시고 부득이하게 전화가 필요한 경우 아래의 주의사항을 지켜주세요.

1. 아이가 아파서 등교를 못 하거나 지각하게 된다면 오전에 알려주세요. 전화는 못 받을 수가 있으니 아침 8시 경에 문자 메시지로 남겨 주시면 됩니다.
2. 수업 시간에는 당연히 통화가 불가능합니다. 또 쉬는 시간이라고 하더라도 다음 수업 준비를 해야 하기 때문에 여유가 없습니다. 수업을 시작해야 하는 시간까지 전화를 끊지 않는 분도 계셨는데, 이런 행동은 아이들에게 피해를 주는 것임을 인지하시기 바랍니다.
3. 전화로 상담을 원하실 경우, 어떤 내용에 대해 이야기하고 싶으신지 미리 문자 메시지로 남겨주세요. 이때 선생님이 편한 시간대에 연락주시기를 요청하는 게 좋습니다.
4. 적당한 거리를 지켜주세요. 아이를 함께 키우는 협력자 입장이라고 해도 아이에 관한 일거수일투족까지 전화하실 필요는 없습니다.

안전한 생활

정말 순식간에 벌어진 일이었습니다. 쉬는 시간에 여원이가 달려가다가 모퉁이에서 다른 반 학생과 정면으로 충돌한 것이지요. 아이 둘 다 뒤로 쾅 자빠지게 되었고 여원이의 이마에는 금세 혹이 부풀어 올랐습니다.

유치원과 다르게 넓고 큰 학교 공간, 특히나 카페트가 깔려 있거나 딱딱한 바닥의 복도에서 장난을 치면 자칫 크게 다칠 수 있습니다. 실제로 학교에서는 크고 작은 사고가 발생하는데요. 키가 비슷한 친구들끼리 부딪혀 이가 깨지기도 하고 안경 쓴 친구의 경우 눈을 다치기도 합니다. 높은 곳에서 뛰어내려 다리가 부러지거나 교실 문에 손이 끼는 경우도 있지요.

학교 안전, 무엇을 신경 써야 할까?

우리 아이들이 안전하게 생활할 수 있도록 학교에서는 자투리 시간과 교육과정 연계, 창의적 체험활동 시간을 통해 안전에 대한 교육을 적극적으로 지도합니다. 지난 2023년까지는 안전한 생활이라는 과목으로 지도가 되었으나 2024년부터는 각 교과에 적극 투입되어 수시로 지도하게 되었습니다.

아이들의 안전 사고는 생각보다 흔히 일어납니다. 학교안전공제회에서 발표한 2023년 사고 및 보상 통계에 따르면 초등학교에서 발생하는 안전 사고 건수가 71,608건이나 됩니다.

전체 사고 가운데 30.3%가 체육 수업 중에 일어났으며 휴식/청소 시간 22.3%, 점심 시간 16.9%, 수업 시간 12.4%, 등하교 6.5%, 학교 행사 3.2%의 순서로 나왔습니다. 사고 발생 장소를 살펴보면 부속시설이 37.5%로 가장 많고, 교실 20.6%, 운동장 19.5%, 통로 18.5% 순이지요. 사고 발생 형태는 물리적인 힘에 노출된 것이 39.2%, 떨어지는 게 25.7%, 염좌나 삐임 등 충격이 19.2%, 사람과의 충돌이 11.9%입니다. 사고 당시 활동을 살펴보면 구기운동이 29.8%, 보행이 17.6%, 장난과 놀이가 16%의 순서로 나오지요.

보상금액이 1억 원 이상인 것도 46건이나 되는 걸 보면 부상의 정도가 꽤 심하다는 걸 알 수 있는데요. 우리 아이들 왜 이렇게 다치는 걸까요?

고학년으로 갈수록 체육 수업 중에 발생하는 사고 비율이 높지만 초등학교 1학년에서는 드문 일입니다. 대신 점심 시간과 쉬는 시간에 사고가 자주 발생합니다. 앞을 보지 않고 뛰어가다가 친구와 부딪히거나 화장실에서 장난을 치다가 넘어지는 경우지요. 점심 시간에 그네를 타고 있는 친구 앞에서 장난을 치다가 그대로 충돌해 코피가 나기도 합니다. 정글짐 꼭대기에서 떨어지거나 미끄럼틀을 거꾸로 올라가다가 다치기도 합니다.

실제로 제가 맡았던 반 아이 중 하나는 갑자기 눈을 감고 걷더니 순식간에 벽에 부딪혀 이가 부러져버린 적도 있었습니다. 손 쓸 새 없이 일어난 사고에 얼마나 당황했는지 아직도 그때를 생각하면 식은땀이 나고는 합니다.

안전은 아무리 강조해도 결코 지나치지 않습니다. 사고는 예고 없이 정말 순식간에 일어나기 때문이죠. 사고를 예방하는 방법은 특별한 게 없습니다. 계속해서 가르치는 수밖에요. 아이들에게 안전 교육을 할 때는 다음의 내용을 강조해 주세요.

1. 학교에서는 절대 뛰어다니지 않는다. 뛰는 건 안전한 장소에서 선생님께 허락을 맡은 뒤에만 할 수 있다.

2. 계단을 오르내릴 때에는 책을 보거나, 휴대폰을 하지 않는다.

3. 그네 앞뒤에 서지 않기, 친구 밀지 않기 등 놀이터 안전 수칙을 잘 지킨다.

4. 눈을 감고 물건을 잡거나 입에 연필이나 빨대 등을 무는 장난은 하지 않는다.

5. 날카로운 물건(칼, 송곳 등)이나 불필요한 장난감은 학교에 가지고 오지 않는다.

6. 구석진 곳이나 도서관, 화장실 등 선생님의 눈을 피해 장난하지 않는다.

7. 선생님의 안전 수칙을 잘 듣고 따른다.

-☼- 안전가위와 일반 가위의
날카로움 차이

-☼- 작고 귀여운 모양이지만
위험한 미니 칼

등하교 혼자 해도 될까?

등하교를 혼자 해도 되는지에 대한 결정은 아이의 나이, 등하굣길의 교통 상황, 보호자의 판단에 따라 다를 수 있습니다. 일반적으로 초등학교 1, 2학년의 어린아이들은 보호자나 성인의 도움이 필요할 수 있다고 생각해 주세요.

귀하게 얻은 아들인 예준이는 매일 엄마와 함께 등교합니다. 그런데 문제는 가방과 실내화 주머니를 엄마가 들어주는 것은 물론이고, 입구 앞에서 아이의 실내화를 직접 꺼내 신겨주신다는 점이었죠. 아이가 못 미덥고 도와주고 싶은 건 어느 부모나 마찬가지일 겁니다. 하지만 학교에 입학했다는 것은, 아이 스스로 할 수 있는 일이 많아졌다는 것을 뜻합니다. 가방을 직접 메고, 실내화를 갈아 신는 것은 초등학교 1학년 아이도 충분히 할 수 있는 일이지요. 하굣길에서도 예준이 엄마의 레이더는 여전합니다. 현관 앞에서 기다리고 있는 것은 물론이고 왜 늦게 나오는지, 저 친구는 왜 너를 보고 웃는지, 저 친구가 네 인사를 왜 안 받아주는지 등 질문도 끊이지 않았죠. 당연히 예준이의 친구들은 그런 모습이 불편하게 느껴졌습니다.

초등학교에 입학해 몸집보다 더 크게 느껴지는 가방을 메고 학교로 향하는 아이의 뒷모습이 짠하다고 말하는 분이 많습니다. 심지어 교실까지 가방을 들어다주는 분이 계실 정도지요. 하지만 예전과 달리 교과서를 들고 다니지 않기 때문에 생각보다 아이들의 가방은 무겁지 않습니다. 아이 스스로 당연히 해야 할 몫이니 등하교시 자신의 가방을 스스로 들도록 독려해 주세요.

아이를 언제까지 학교에 데려다주어야 하느냐고 묻는 분이 많으신데요. 이는 통학 상황에 따라 다르기 때문에 무엇이 정답이라고 말하기 어렵습니다. 아파트 안에 위치한 학교처럼 등하굣길에 특별한 위험 요소가 없다면 일정 시간이 지난 뒤 혼자 갈 수 있도록 하는 것이 가장 좋습니다. 오고 가면서 만난 친구들과 자연스럽게 친해질 수 있기 때문이죠. 불안할 경우 일정 간격을 두고 아이 뒤를 따라가는 것도 한 방법입니다. 그렇다 하더라도 한 학기 내내 하실 필요는 없습니다.

만약 차량이 많이 다니는 큰길을 끼고 있거나 보행자 전용도로가 없다면 수고스럽더라도 아이와 동행하는 것이 좋습니다. 아무리 안전 지도를 해도 횡단보도를 건널 때 좌우를 충분히 살피지 않고 초록불로 바뀌면 바로 건너는 아이들이 많기 때문입니다. 연간 4,000건 내외로 일어나는 보행 시 어린이 교통사고 중 연령대별 사고 발생 비율을 살펴보면 6세까지 점진적으로 늘어나다가 초등학교 저학년인 7~9세에 급격하게 증가합니다. 이 시기부터 어린이 홀로 이동하는 시간이 늘기 때문입니다. 특히 등교 시간대인 오전 8~9시, 하교 이후인 오후 2~6시에 사고 발생률이 높아집니다. 따라서 이 시간에는 특별히 관심을 갖고 아이들의 이동에 신경을 써 주시기 바랍니다.

제가 살고 있는 경기도 안양시에는 어린이 교통 안전을 배울 수 있는 체험센터가 있더라고요. 각 지역별로 어린이 교통 안전 체험센터와 어린이 교통 공원, 어린이 교통 안전 교육장들이 있으니 아이와 함께 참여해 보시기 바랍니다. 더불어 아이와 함께 안전을 위한 '나만의 교통규칙판 만들기'도 추천합니다. 예를 들어 걸으면서 휴대폰하지 않기라면 횡단보도를 건너는 표지판 속 사람 손에 휴대폰을 그리고 크게 엑스 표를 하는 것이지요. 생각보다 자주 일어나는 자동차 후진 사고를 예방하기 위해 자동차의 뒷모습을 그려보는 것도 도움이 됩니다. 아이들이 안전하고 즐겁게 학교 생활을 누릴 수 있도록 가정에서 적극적으로 안전 교육에 동참해 주시기를 부탁드립니다.

:bulb: 경기도 안양시에 마련된 어린이 교통 공원

:bulb: 경상북도 경주시의 안전 체험관

함께 배우는
교통 교칙들

1. 횡단보도 건너기 5원칙

① 멈춘다: 길을 건널 때는 우선 멈춰요.

② 좌우를 본다: 도로 좌측과 우측을 살피고 차가 완전히 멈춘 것을 확인해요.

③ 손을 든다: 내가 건널 것임을 운전자에게 알리고 준비할 시간을 주세요.

④ 확인한다: 운전자와 눈을 마주치며 차가 멈춰 있는 것을 다시 확인해요.

⑤ 건넌다: 손을 들고 운전자나 차를 보면서 횡단보도 우측으로 안전하게 건너요.

2. 교통표지판 종류 알아보기 (1학년에 배우는 교통안전 표지판)

하세요	보행자전용도로	횡단보도	어린이보호	자전거전용	자전거횡단
	보행자만 통행하세요	횡단보도로 통행하세요	어린이를 보호하세요	자전거만 통행하세요	자전거로 일반도로를 횡단할 수 있어요

하지마세요	보행자의 보행 금지	자전거 통행 금지	보행자, 자동차 모두 통행 금지	자동차 진입 금지	자동차 일시 정지
주의하세요	횡단보도가 있으니 주의하세요	철길 건널목이 있으니 주의하세요	어린이 통행이 있으니 주의하세요	공사 중이니 주의하세요	

3. 등하교 안전 수칙 지키기

① 무단횡단은 절대 하지 않는다.

② 녹색 신호여도 차가 멈춘 것을 확인 후 건넌다.

③ 길을 걸을 때는 휴대폰을 하지 않는다.

④ 조금 멀더라도 가능한 한 넓고 안전한 길을 이용한다.

⑤ 친구들과 여럿이 함께 다닌다.

학교 폭력

몇 년 전, 학교에 경찰 두 명이 찾아온 적이 있습니다. 학교 폭력 신고가 접수되었는데 내용이 잘 들리지 않았지만 GPS상으로 우리 학교였다는 것이지요. 선생님들 모두 깜짝 놀라 신고의 근원지를 찾아나섰고, 번호를 추적해 신고자가 1학년 '지인'이라는 사실을 알아냈습니다. 그런데 정작 당사자인 지인이는 교실에 없었습니다. 확인해 보니 운동장에서 신고를 했더라고요. 1학년인 지인이가 미끄럼틀 제일 위에 자신이 올라가려 했는데 언니들이 못 올라오게 하자 학교 폭력으로 신고를 했던 것이지요. 이 사건으로 인해 우리 아이들에게 학교 폭력이라는 단어가 어떻게 받아들여지고 있는지 실감했던 기억이 있습니다.

학교에서 생활하며 겪는 싫고, 불편한 문제를 무조건 학교 폭력으로 치부하기에는 조금 무리가 있지 않을까요? 그날 저는 지인이와 함께 학교 폭력에 대한 긴 이야기를 나누었습니다.

폭력의 기준에 대해 말해줘요

학교 폭력은 학교 폭력 예방 및 대책에 관한 법률에 따라 학교 내외에서 학생을 대상으로 하는 정신적, 신체적, 재산상의 피해를 수반하는 행위로 규정하고 있습니다. 특히 고의적이고 지속적으로 괴롭히는 행위는 학교 폭력으로 인정될 가능성이 높습니다. 간혹 일회적인 쌍방 싸움을 학교 폭력으로 신고하기도 하는데, 이 경우 두 학생 모두 가해자에 대한 조치를 받게 되는 일이 많습니다. 가해가 인정되면 피해의 정도와 반성 여부, 피해 학생과의 합의 등을 감안하여 다음과 같이 처벌이 내려집니다.

1호 서면 사과
2호 접촉, 협박 및 보복 행위 금지
3호 학교에서의 봉사
4호 사회 봉사

5호 특별 교육 이수 또는 심리 치료

6호 출석 정지

7호 학급 교체

8호 전학

9호 퇴학(초등은 의무교육이라서 해당 없음)

앞서 이야기한 것처럼 일회성의 쌍방 다툼인 경우 대체로 서면 사과로 결정됩니다. 하지만 이러한 결정 사항에 대해 학부모님들께서 불복하고 강력한 처벌을 요청하는 경우도 심심치 않게 발생하는데요. 명백한 학교 폭력 사안에 대해서는 처벌을 받는 것이 마땅하지만 아이들끼리 일어날 법한 일시적 갈등인지, 아니면 강력한 처벌이 필요한 지속적 괴롭힘인지를 냉정하게 구분할 필요가 있습니다.

다음은 학교 폭력의 유형을 표로 나타낸 것입니다. 고의적이고 지속적으로 피해를 입힌 행위, 전치 2주 이상의 진단을 받은 경우, 다수의 학생이 연루된 집단 폭력, 성폭력 관련 사안은 학교 폭력으로 판단합니다.

🔆 학교 폭력의 유형

유형	예시 상황
신체 폭력	- 일정한 장소에서 쉽게 나오지 못하도록 하는 행위(감금) - 신체를 손, 발로 때리는 등 고통을 가하는 행위(상해, 폭행) - 강제(폭행, 협박)로 일정한 장소로 데리고 가는 행위(약취) - 상대방을 속이거나 유혹해서 일정한 장소로 데리고 가는 행위 (유인) - 장난을 빙자한 꼬집기, 때리기, 힘껏 밀치기 등 상대 학생이 폭력 으로 인식하는 행위
언어 폭력	- 여러 사람 앞에서 상대방의 명예를 훼손하는 구체적인 말(성격, 능력, 배경 등)을 하거나 그런 내용의 글을 인터넷, SNS 등으로 퍼뜨리는 행위(명예훼손) ※ 내용이 진실이라고 하더라도 범죄이고, 허위인 경우에는 형법 상 가중 처벌 대상이 됨 - 여러 사람 앞에서 모욕적인 용어(생김새에 대한 놀림, 상대방을 비 하하는 내용)를 지속적으로 말하거나 그런 내용의 글을 인터넷, SNS 등으로 퍼뜨리는 행위(모욕) - 신체 등에 해를 끼칠 듯한 언행과 문자메시지 등으로 겁을 주는 행위(협박)
금품 갈취	- 돌려줄 생각이 없으면서 돈을 요구하는 행위 - 일부러 물품을 망가뜨리는 행위 - 옷, 문구류 등을 빌린 뒤 되돌려주지 않는 행위 - 돈을 걷어오라고 하는 행위 등
강요	- 속칭 빵 셔틀, 와이파이 셔틀, 과제 대행, 게임 대행, 심부름 강 요 등 의사에 반하는 행동을 강요하는 행위 - 폭행 또는 협박으로 상대방의 권리 행사를 방해하거나 해야 할 의무가 없는 일을 하게 하는 행위

따돌림	- 집단적으로 상대방을 의도적이고, 반복적으로 피하는 행위 - 지속적으로 싫어하는 말로 놀리기, 빈정거림, 면박 주기, 겁주는 행동, 골탕 먹이기, 비웃기 - 다른 학생들과 어울리지 못하도록 막는 행위
성폭력	- 상대방에게 폭행과 협박을 하면서 성적 모멸감을 느끼도록 신체적 접촉을 하는 행위 - 성적인 말과 행동을 함으로써 상대방이 성적 굴욕감, 수치심 등을 느끼도록 하는 행위 -「아동·청소년의 성 보호에 관한 법률」에 따라 성폭력에 대해서는 반드시 수사기관에 신고해야 함
사이버 폭력	- 특정인에 대해 모욕적 언사나 욕설 등을 인터넷 게시판, 채팅, 카페 등에 올리는 행위 - 특정인에 대한 허위 글이나 개인의 사생활에 관한 사실을 인터넷, SNS 등을 통해 불특정 다수에 공개하는 행위 - 성적 수치심을 주거나, 위협하는 내용, 조롱하는 글, 그림, 동영상 등을 정보통신망을 통해 유포하는 행위 - 공포심이나 불안감을 유발하는 문자, 음향, 영상 등을 정보통신망을 통해 반복적으로 보내는 행위

최근에는 온라인에서의 학교 폭력 사안이 급증하고 있어 아이들이 휴대폰을 통해 나누는 대화 내용을 자주 체크해 볼 필요가 있습니다. 지나친 비난, 욕설, 따돌림 등이 포착된 경우 해당 내용을 캡처한 뒤 대화방에서 벗어나는 것이 안전합니다.

불편을 말하는 용기

학교 폭력에는 가해자와 피해자 그리고 방관자가 존재합니다. 친구가 괴롭힘을 당하고 있는 걸 보고도 모른 척하는 것을 방관자라고 하는데요. 학교 폭력 예방 측면에서 방관자의 역할이 더욱 강조되고 있습니다. 방관자가 용기를 내어 불편함을 이야기했을 때 집단의 분위기가 달라질 수 있기 때문인데요. 2024년 실시된 학교 폭력 설문조사에 따르면 신체 폭력은 15.5%인 것에 반하여 39.4%가 언어 폭력, 7.4%가 사이버 폭력에 해당합니다. 한 친구가 다른 친구에게 욕이나 희롱하는 말을 할 때 그런 말을 하지 말자고 제안하는 것만으로 도움이 되는 것이지요.

학교 폭력에서는 침묵보다 용기가 필요합니다. 한 명이 목소리를 내는 순간 여러 사람이 함께할 수 있습니다. 피해를 입은 친구는 자신의 이야기를 꺼내기 어렵지만, 주변 친구들이 힘을 모아 부모님이나 선생님 등 도움을 구할 수 있는 곳에 이야기해 주는 것만으로도 자신의 편이 있다고 여기게 되고, 피해에서 빠져나올 수 있는 용기를 갖게 됩니다.

학교에서는 방관자의 입장에 있는 아이들에게 "학교 폭력 멈춰"라고 이야기하도록 지도하고 있습니다. "학교 폭력 멈춰"는 학교 폭력 예방 대책 매뉴얼에 있는 표어로, 피해 학생을 가해 학생으로

부터 지켜주는 상징적인 의미가 담겨 있습니다.

학교 폭력 신고 방법

모든 학교에는 학교 폭력 담당 선생님이 계십니다. 학교 폭력으로 의심되는 피해를 입은 경우 담당 선생님이나 담임 선생님에게 이야기하면 사안이 접수됩니다. 이 외에 학교 폭력 신고 센터인 117, 112, 학교 전담 경찰관에게도 신고가 가능합니다. 다만 아이들이 무분별하게 신고 접수를 하지 않도록 가정에서 지도해 주시기 바랍니다. 실제로 친구들끼리 운동장에서 그네 타는 것 때문에 사소한 말싸움이 벌어졌는데 117에 신고를 한 사례도 있었습니다. 이런 내용은 신고가 아니라 담임 선생님에게 이야기할 수 있도록 합니다.

방관자 처벌

학교 폭력에서는 방관자도 가해자와 같은 처벌을 받을 수 있습니다. "나 말고도 다른 아이들이 많았어요", "이 상황에 휘말리고 싶지 않았어요" 같은 이유를 대는 경우가 대부분이지만, 책임을 면하기는 어렵습니다. 학교 폭력을 묵인하고 동조했다고 보기 때문이죠. 만약 아이가 선생님에게 이야기를 함으로써 또 다른 피해자가 되는 걸 걱정한다면 부모님께서 아이 대신 연락하는 것도 한 방법입니다.

아이가 따돌림을
당하는 것 같아요

아이가 따돌림을 당하고 있다는 걸 알게 되면 대부분의 부모님은 억장이 무너지는 심정일 것입니다. 요즘 아이들은 자신의 마음에 들지 않는 친구와는 놀지 않으려고 하는 경향이 강합니다. 아이가 교우 관계로 힘들어하면 부모님들이 "자꾸 그러면 걔랑 놀지 마"와 같은 말을 쉽게 내뱉기 때문이죠. 아이 입장에서는 당연히 싫은 친구와 잘 지내고 싶은 마음이 들지 않습니다.

만약 우리 아이가 따돌림을 당하고 있다면, 가장 먼저 따돌림을 하고 있는 대상을 명확하게 아는 경우인지 이유도 모른 채 다수에게 따돌림을 당하고 있는 경우인지 확인해야 합니다. 어떤 경우인지에 따라 대처 방법이 달라집니다.

우선 명백하게 아이를 괴롭히는 아이가 있다면 잘못된 행동을 멈추도록 하는 게 중요합니다. 그런데 이때 부모님이 직접 훈육에 개입하면 아동학대로 연결될 위험이 있습니다. 해당 아이를 불러서 야단을 치거나, 꿀밤을 때리거나 팔을 잡고 흔드는 등 신체 접촉이 추가되면 아이가 공포감을 느꼈다고 판단되어 고소를 당할 수도 있습니다. 따라서 이런 상황에서는 해당 아동이 했던 말, 행동 등에 대해서 정확히 파악한 후 담임 선생님께 상담을 하는 것이 가장 좋습니다.

저희 딸이 2학년 때 일입니다. 다른 반 친구가 이유도 없이 자꾸 배를 치고 간다고 하더라고요. 남자아이가 만날 때마다 복도에서 툭 치고 가니 아이는 당연히 당황했겠지요. 아이에게 맞은 날짜와 상황 등을 상세하게 물은 뒤, 담임 선생님께 연락해 지도를 부탁드렸고, 얼마 후 선생님에게 전화가 걸려왔습니다. 확인해 보니 그 아이가 저희 딸과 친해지고 싶어 장난처럼 쳤다고 하더군요. 선생님은 해당 남자아이를 지도한 뒤 결과도 알려주셨습니다. 물론 다시 그 아이가 저희 아이를 괴롭히는 일은 없었고요. 이런 일을 겪고 나니 감정적으로 대처하지 않고 빠르게 지도를 요청하기 잘했다는 생각이 들었습니다.

우리 아이가 특정 대상이 아니라, 전체적으로 따돌림을 당하고 있다면 그 무엇보다 상처 입은 아이의 마음을 어루만져 주는 게 우선되어야 합니다. 친구들이 모두 나를 싫어한다고 느낀다면 얼마나 마음이 아플지 헤아려 주어야 한다는 것이지요. 이런 경우는 아이에게 네가 얼마나 소중한 존재인지 일깨워주는 따뜻한 말을 자주 건네는 게 좋습니다. 아울러 아이에게 호의적인 친구를 찾아 함께할 수 있는 시간을 만들어주는 등 다방면으로 노력을 기울여야 합니다.

여기서 또 한 가지 중요한 것은 아이들이 따돌리는 이유를 밝히는 것인데요. 만약 외모나 목소리 등 타당하지 않은 이유 때문이라면 친구들이 잘

못하고 있다는 걸 아이에게 명확하게 인지시킨 뒤 무시하는 것도 한 방법입니다. 그게 아니라 욕을 한다거나, 짜증을 낸다거나, 특정 행동이 다른 아이들을 불편하게 하는 등 수정 가능한 이유라면 오히려 빠르게 문제를 해결할 수 있습니다. 실제로 제가 가르치던 아이들 중에는 친구들과 함께 있는 자리에서 거리낌없이 코를 파는 행동 때문에 따돌림을 당한 경우가 있었는데요. 이 행동이 다른 사람에게 불쾌감을 줄 수 있다는 걸 인지시키자, 별다른 어려움 없이 다시 친밀한 교우 관계를 회복한 적도 있었습니다.

감수성이 예민한 여자아이들은 단짝이 없는 경우, 자신이 따돌림을 당하고 있다고 느끼기도 합니다. 작년에는 자신의 성향에 꼭 맞는 단짝 친구가 있었는데, 올해는 그렇지 않다라는 이유만으로 스스로를 외톨이라고 생각하기도 하더군요. 따라서 아이에게 따돌림을 당한다는 이야기를 들었을 때 무작정 화를 내거나 속상해하기보다는 아이가 현재 처해 있는 상황이 어떤지를 명확히 파악하는 게 중요합니다.

마지막으로 저는 저희 아이들이 초등 고학년쯤 되었을 때 만약 학교 생활이 너무 힘들면 혼자 고민하지 말고 꼭 엄마 아빠에게 말해달라는 것을 강조했습니다. 그리고 그런 힘든 상황을 버티면서 이 학교를 졸업하는 길 외에 전학, 유학, 대안학교, 검정고시 등과 같은 다양한 방법이 있다는 것도 솔직히 말해주었죠. 정해진 길 외에 다른 대안이 있다는 걸 인지하는 것만으로도 아이들은 희망을 가질 수 있습니다. 그리고 교사의 입장을 잠시 내려놓고 엄마의 마음으로 생각해 볼 때, 사회가 정해둔 정규 교육과정을 밟지 않았다 하더라도 우리는 모두 소중한 이 사회의 구성원이기 때문입니다.

경제 교육

어느 날 상담을 요청하신 어머님께서 한참을 머뭇거리다가 말씀하셨습니다. 자신의 집에 지수가 놀러만 오면 물건이 자꾸 없어진다는 것이었죠. 지수는 아이의 단짝 친구였습니다. 함부로 아이를 의심하고 싶지는 않았지만 자꾸 반복되니 너무 고민이 되고 무엇보다 지수가 가지고 있는 물건을 보니 확신이 든다는 것이었습니다. 이럴 때는 교사인 저도 무척 신중해집니다. 심증만으로 판단하기 어려운 사안이기 때문이죠. 그런데 다행히도 지수 어머님께서 자신이 사준 적이 없는 물건을 아이가 가지고 있는 것을 보고는 제게 연락을 주셨습니다. 확인해 보니 지수가 갖고 싶다는 것이 많아지자 지수 어머님도 아이의 소비를 통제하고 계셨더라고요. 용돈을 따로 받는 것도 아니다 보니 아이는 자신이 갖고 싶은 것을 위해 자신도 모르게 나쁜 행동을 하게 되었던 것이지요. 지수 어머님이 피해를 입은 어머님에게 진심을 담은 편지와 함께 작은 선물을 건넸고, 재발 방지를 약속드리며 다행히 사건은 잘 마무리되었습니다.

용돈이 필요한 이유

물질이 풍족한 세상이다 보니 아이들 역시 물건을 소유하는 것에 대해 거리낌이 없습니다. 값비싼 휴대폰은 물론이고, 장난감이나 각종 문구를 갖고 싶어 하고, 부모에게 당당히 요구하죠. 최근 늘어나는 무인 아이스크림 가게에서 계산하지 않은 채로 물건을 가지고 나와서 신고를 당하는 경우도 급증하고 있습니다. 아이들에게 왜 그런 잘못된 행동을 했느냐고 물어보면 "그냥 갖고 싶어서요"라고 대답하는 경우가 대다수입니다. 아이들에게 올바른 경제 관념을 심어주기 위해 용돈 교육을 적기에 실시하는 것이 매우 중요한 셈이죠.

"밥도 먹여주고 잠도 재워주고 책도 사주고 간식거리도 부모인 제가 다 알아서 해주는데, 아이들에게 용돈이 꼭 필요한가요?"라고 묻는 분이 종종 있습니다. 저는 오랜 기간 경제 교육의 필요성을 실감하면서 어릴수록 가장 효과적인 경제 교육 방법은 용돈이라는 결론을 내렸습니다.

첫째, 돈의 가치를 알게 합니다.

세뱃돈 봉투에서 5만 원 지폐가 아니면 실망하는 아이들. 그 친구들에게 5만 원이 되려면 십 원, 백 원, 천 원, 만 원이 모여야 5만 원이 된다는 것을 먼저 가르쳐야 합니다. 돈의 가치를 깨닫기도 전에 너무 큰돈을 경험하는 아이들은 돈의 소중함을 알기가 어렵습니다.

또 우리 아이들은 시기(설날, 어린이날, 생일, 추석, 크리스마스 등)마다 할아버지 할머니, 혹은 고모, 이모 같은 친척들로부터 뜻하지 않은 금전적 보너스를 받게 됩니다. 자신이 아무런 노력을 하지 않아도 때때로 돈이 생겨난다라는 것을 경험적으로 배운 아이들은 돈의 가치에 대해 무감각해질 수 있습니다. 따라서 아이의 수준에 맞는 일정한 용돈을 지급하고, 명절이나 생일, 입학이나 졸업 등에 생기는 특별한 돈은 저축하는 습관을 들이는 것이 좋습니다.

둘째, 자기 통제와 절제 습관을 기를 수 있습니다.

미국의 재벌들조차도 아이들에게 저금통을 주고 돈을 모아서 사탕이나 젤리를 살 수 있도록 교육한다고 합니다. 마이크로소프트의 창업자 빌 게이츠가 자신의 자녀들에게 매주 1달러씩 용돈을 주었다는 일화는 유명하지요. 빌 게이츠가 단돈 1달러를 아이들에게 준 이유는 무엇일까요? 돈이 부족해서일까요? 결코 아닙니다. 그가 아이들에게 키워주고 싶은 것은 자기 통제와 절제의 습관이었을 겁니다. 자신의 욕구를 적절히 제한함으로써 성인이 되었을 때 자기 관리 능력으로 이어질 수 있도록 이끌어준 것입니다. 이런 습관이 형성되어 있지 않은 사람은 무절제한 소비에 빠지기 쉽습니다.

셋째, 용돈을 모으는 습관이 쌓여 성취감을 느낄 수 있습니다.

적은 돈은 하찮게 느껴지기 쉽습니다. 그러나 적은 돈이라도 꾸준히 저금하면 돈이 모이는 뿌듯함과 함께 '만족 지연의 기쁨'을 누릴 수 있게 됩니다. 갖고 싶은 물건이 생기면 부모님께 떼를 쓰는 게 아니라 돈을 모아서 직접 얻을 수 있음을 알게 되는 것이지요. 그리고 그 과정을 통해 아이들은 성취감을 느끼게 됩니다. 이렇게 저축으로 쌓아올린 아이의 작은 성취들은 자존감을 높이는데요. 이런 경험이 부족한 채 어른이 된다면 욕구를 조절하지 못한 채 할부와 리볼빙의 노예가 되기 십상입니다.

아이들에게 적은 금액이어도 용돈을 주어야 하는 이유는 아이들이 저축하는 습관을 통해 돈의 가치를 배우고 스스로 절제하는 방법을 터득하며 성취감을 느끼게 하는 가장 좋은 경제 교육이기 때문입니다. 지금부터 용돈을 계획적이고 체계적으로 사용하는 습관을 기른 아이들은 훗날 물질적, 정신적으로 풍요로울 것입니다.

용돈을 어떻게 주는 게
좋을까요?

부자들은 어떻게 하면 결핍을 제공할지 고민한다고 합니다. 결핍이 결핍된 아이들에게 가장 효과적인 용돈 교육을 진행하려면 액수가 중요한데요. 결론부터 말씀드리면 조금은 적은 듯이 주어야 합니다.

제가 집필한 『게임 현질하는 아이 삼성 주식 사는 아이』에 자세히 나와 있듯이 아이들의 적정 용돈은 매주 '학년+천 원'의 공식을 따르는 게 좋습니다. 예를 들어 초등학교 1학년이라면 매주 2천 원을, 2학년이 되면 매주 3천 원을 용돈으로 주는 것이지요.

요즘 물가가 너무 가파르게 상승하다 보니 2천 원이 너무 적은 게 아니냐고 되묻는 분들이 계십니다. 과자 하나 사먹으면 끝 아니냐는 이야기지요. 하지만 웬만한 간식거리는 집에 준비되어 있고, 이 돈으로는 본인이 원하는 것을 스스로 구입하는 데 한정되기 때문에 저는 결코 적다고 생각하지 않습니다. 또한 용돈을 풍족하게 주는 것은 예기치 못한 문제를 발생시키기도 하는데요. 많은 용돈을 받아 그 돈으로 주위 친구들의 관심을 사려고 하는 아이들을 종종 만나게 되는데, 친구 관계에서 갈등을 일으키는 일이 제법 많았습니다. 이후 학교 폭력으로 이어지는 일도 있었고요. 아이들은 돈을 슬기롭게 사용하는 지혜가 아직은 부족합니다. 따라서 스스로 그 능력을 키워갈 수 있도록, 용돈의 액수는 약간 적은 것이 좋습니다.

만약 아이가 용돈이 너무 적다고 한다면, 액수를 올려주기보다는 '노력 용돈'을 얻게 하는 게 좋습니다. 노력 용돈이란 아이의 노력에 대한 대가를 지불하는 것으로, 아이와 함께 용돈 메뉴판을 작성한 뒤, 그에 따라 해당 액수를 지급하는 거죠. 예를 들어 1학년이라면 신발장 정리하기, 분리 수거하기, 실내화 빨기 등이 가능합니다. 자신이 사용하던 물건을 중고로 판매하고 그 수익을 노력 용돈으로 바꿀 수도 있습니다. 이 과정에서 중요한 것은 노동의 가치입니다. 공짜로 얻어지는 돈은 없다는 걸 분명하게 일깨워주는 것이지요.

조부모님과 부모님 등 이른바 '여섯 개의 주머니(식스포켓)'를 가지고 있는 요즘 아이들에게 물질적 결핍 없이 원하는 것을 바로바로 사주게 되면 아이는 돈을 모아야 할 필요성을 못 느끼게 되고, 스스로 돈 관리를 시작해야 하는 시기가 오면 갈팡질팡하기 쉽습니다.

또 요즘 아이들은 싫증을 쉽게 냅니다. 값비싼 장난감을 하루이틀 가지고 놀다가 구석에 처박아둔 경험, 아마 한두 번씩 있을 겁니다. 이럴 때도 용돈 교육은 효과를 발휘합니다. 자신이 힘들게 모은 돈으로 물건을 산 아이는 싫증을 빨리 느끼지 않고 소중하게 다루기 때문입니다.

초등학교 1, 2학년에는 현금으로 직접 주다가 적응이 되고 나면 아이 명의의 체크카드를 활용하는 것도 좋습니다. 아이의 소비 내역을 확인하는 데도 도움이 되고, 포인트도 쌓을 수 있기 때문이죠. 중요한 것은 자신의 돈을 모으고, 점검하는 습관입니다. 어린 시절부터 쌓은 이 습관이 아이를 미래의 부자로 만든다는 점, 기억해 주세요.

돈이 대가가 되지 않도록

제가 노력 용돈의 중요성을 강조하면서 가장 많이 들은 이야기는 "아이가 모든 걸 돈으로 생각하면 어떻게 하죠"라는 걱정이었습니다. 예를 들어 스티커를 모은 후 현금으로 바꾸어주거나 당연히 해야 하는 일에 돈을 지급하는 게 과연 옳은 것인가라는 고민이지요. 제가 이럴 때 드리는 말씀은 세 가지입니다.

첫째, 아이들이 안전하게 돈을 벌 수 있는 곳은 가정뿐입니다. 노동의 가치로 힘들게 돈을 버는 과정을 배우는 게 훗날 아이를 위해 중요한데, 다른 곳에서는 경험할 수 없지요. 실내화를 빨고 천 원의 용돈을 받는 과정을 통해 아이는 돈의 가치와 노동을 배워 나갑니다.

둘째, 아이들이 돈, 돈 거리는 것도 한때입니다. 어른들도 갑자기 금전적 압박이 느껴지면 돈에 집착하게 되지요. 아이들도 비슷합니다. 초등학교 저학년이 되어 돈의 가치를 알게 되면 욕심이 날 수밖에 없습니다. 그래서 초등학교 저학년까지는 아이들이 노력 용돈을 통해 돈을 모으는 데 집착할 수 있습니다. 하지만 그런 재미도 시간이 지날수록 사그라들고, 균형을 찾아가게 됩니다.

셋째, 아이들이 클수록 가정의 일원으로 참여시키는 게 좋습니다. 부모의 일이라고 생각했던 집안일을 돕고 금전적 대가를 받으면서 조금씩 집안일이 얼마나 힘든지, 부모님이 우리를 위해서 얼마나 애쓰는지 등을 느낄 수 있게 됩니다. 이런 경험을 지속적으로 해온 아이들은 돈 때문이 아니라 가정의 구성원으로서 집안일에 참여하게 됩니다.

그럼에도 불구하고 아이들이 대가나 돈에 대한 집착이 심해진다면 적절하게 통제하는 것이 필요합니다. 평소 대화를 할 때 돈보다 더 소중한 것들, 예를 들어 우정이나 행복, 건강, 배려와 같은 가치를 끊임없이 가르쳐주는 것이지요. 또한 돈을 사용하는 과정에 '기부'를 필수적으로 포함시키는 것도 좋은 방법입니다. 기부라고 해서 거창한 것이 아닙니다. 아이가 자신이 아닌 타인을 위해 돈을 사용하면서 얻을 수 있는 충만함을 일깨워주는 것인데요. 부모님을 위한 커피 한잔, 할아버지 할머니를 찾아뵐 때 작은 간식거리 사 가기 등이 여기에 해당합니다. 나, 가정, 친구, 이웃, 사회로 발전하는 아이의 생활반경에 맞추어 내가 아닌 주위 사람을 행복하게 만들 수 있는 기쁨을 경험하도록 합니다.

"돈은 몰라도 돼. 너는 공부만 해"라고 말하는 부모님 아래서 자라 돈 관리로 인해 어려움을 겪는 어른들이 너무나 많습니다. 우리 아이들이 행복한 어른으로 성장하는 데 있어 꼭 필요한 금융 역량을 갖출 수 있도록 부모님께서 많이 도와주시기를 바랍니다.

성교육

3학년 지환이는 같은 반 여자친구인 하영이랑 싸우다가 '변태'라는 소리를 들었습니다. 별거 아닌 일로 옥신각신하다가 자신도 모르게 하영이의 가슴을 밀친 것이지요. 다른 친구들보다 조금 이르게 2차 성징을 겪고 있었던 하영이는 가슴이 아프기도 하고 수치스럽기도 해 그 자리에 앉아서 엉엉 울고 말았습니다.

그 모습을 본 친구들은 지환이를 변태라고 부르며 손가락질했고, 지환이 역시 이 상황이 너무 당황스러워 울음을 터트리고 말았습니다.

다름을 먼저 배우기

성교육은 나와 상대의 성적 차이를 인정하고 존중하기 위한 공부를 말합니다. 최근에는 성인지 감수성(성별 간의 차이로 인한 일상생활 속에서의 차별과 유불리함 또는 불균형을 인지하는 것)에 대한 이야기도 많이 하고 있습니다.

성별 간의 차이는 존재합니다. 이는 차별이 아니며 이 차이를 알고 인정하는 것이 성교육의 첫 시작이라고 생각합니다.

초등학교 1학년에 입학하는 친구들의 가방을 살펴보면 여학생의 경우는 대부분 분홍색, 연보라색 바탕에 리본이 달린 디자인을 메고 있는 경우가 많습니다. 남학생의 가방은 남색, 검정색, 파란색에 로봇이나 히어로 등의 캐릭터가 그려져 있지요. 유전적인 차이다, 학습된 결과일 뿐이다 등등 의견이 분분하지만 신기하게도 1학년 아이들의 성별에 따른 취향은 대개 비슷합니다.

반면 학교에 입학하기 전까지는 부모님이 골라주는 대로 입던 아이가 어느 날부터인가 "엄마, 나는 남자라서 분홍색 옷을 입으면 안 된대"라고 말해 부모를 당황시키기도 합니다. 반대로 부모가 먼저 나서서 "너는 남자아이가 왜 분홍색을 좋아하니?"라고 묻기도 합니다. 부모님들이 무심코 던지는 성적 다름에 따른 일반화와 단정은 아이에게 성별에 대한 고정관념을 심어줄 수 있습니다. 서로의 차이를 존중하고 양쪽의 이해를 통해 더욱 건강한 관계를 만들어나가는 것이 성교육의 핵심입니다.

여학생은 분홍색, 연보라색이 많으며 최근에는 검정색, 빨간색 등으로 다양하게 선택

남학생은 남색, 파란색, 검정색이 많으며 최근에는 초록색, 빨간색 등으로 다양하게 선택

성교육하기 가장 좋은 교육은 바로 목욕입니다. 아이가 어릴 때는 아들과 엄마, 아빠와 딸이 함께 씻기도 하지만 아이가 조금씩 '다름'을 인식하기 시작한다면 설명이 필요합니다. 대부분의 아이들이 이 시기에 남성과 여성, 아이로서의 남성과 어른으로서의 남성의 신체가 다르다는 것을 인식하는데요. 이때 이성 부모와 아이가 함께 목욕하는 것을 자제하고, 동성의 부모가 성별에 따른 신체적 차이를 설명해 주는 게 좋습니다.

만약 아이가 자신의 몸을 부끄러워하고 샤워를 할 때 문을 잠그거나 혼자 하겠다고 한다면 서운해하지 말고 존중해 주세요. 아이가 자라나는 자연스러운 과정이기 때문입니다. 다만, 머리를 잘 말

렸는지, 양치를 꼼꼼하게 하는지 등등 위생과 관련된 부분은 한번
씩 점검해 주시는 게 필요합니다. 머리를 제대로 말리지 않아 냄새
가 나거나 심한 경우 머릿니가 생기는 경우도 있으니 꼭 확인해 주
시기 바랍니다.

내 몸은 소중해요

학교에서 수업을 하다 보면 자위를 하는 아이들이 있습니다. 남
자아이들의 경우 주머니 안에 손을 넣어서 성기를 만지고, 여자아
이들은 책상 다리에 자신의 성기를 문지르고는 하지요. 때로는 정
도가 너무 심해서 부모님과 상담이 필요한 경우들도 있습니다. 자
신의 몸을 탐색하는 과정 중에 성기에 대해 관심을 가질 수는 있겠
지만 여기에 집착하거나 자위행위를 통해 즐거움을 얻고자 하는
경우는 문제가 될 수 있습니다. 특히 초등학교 저학년 아이들은 때
와 장소를 가리지 못해 타인에게 불편함을 주거나 지저분한 손으
로 만져서 건강을 해칠 수도 있기 때문에 더욱 유의해야 합니다.

아이들에게 가장 중요한 것은 내 몸이 소중하다는 것을 인식시
키는 일입니다. 함부로 내 몸을 만지거나, 만지도록 허락하는 일도
없어야 합니다. 때로 장난감이나 맛있는 것을 사준다는 말에 속아

자신의 주요 부위를 만지게 허락하는 경우가 있는데 이는 절대로 안 되는 일입니다. 즉 속옷으로 가려진 부분은 다른 사람에게 보여주거나 만지게 해서 안 된다는 걸 계속해서 지도해야 합니다.

발육이 빠른 경우 초등학교 3학년부터 초경을 시작하기도 하고, 초등학교 1, 2학년부터 성조숙증으로 치료를 받는 아이들도 늘어나는 추세입니다. 또래보다 2차 성징이 너무 빨리 진행되면 키 성장 및 생식기 질환, 조기 폐경 등의 위험이 있기 때문에 가정에서 아이들을 잘 관찰하고, 또래보다 이른 성장이 의심될 때는 의료기관을 찾아 적절한 치료를 받는 게 좋습니다.

성조숙증이
뭔가요?

2차 성징(사춘기에 나타나는 신체적인 변화)이 여아는 8세 이전, 남아는 9세 이전에 시작되는 것을 성조숙증으로 진단합니다. 여아는 유방이 발달하고 음모가 생기며, 남아는 고환이 커지고 목젖이 나오는 것으로 확인할 수 있습니다. 성조숙증은 남아보다는 여아에게서 흔히 나타납니다. 최근 여아 8세(7세 365일) 미만, 남아 9세(8세 365일) 미만으로 보험 관련 개정이 추진되고 있으니 초등 1학년이 가장 중요한 시기라고 보시면 됩니다.

성조숙증 체크리스트(여아용)

1. 가슴에 몽우리가 잡히고 봉긋해진다.

2. 난소가 있는 아랫배가 아프다고 한다.

3. 냉과 같은 분비물이 나온다.

4. 피지 분비가 왕성해지고 여드름이 난다.

5. 정수리에서 냄새가 나기 시작한다.

6. 겨드랑이와 생식기 주변에 털이 난다.

7. 키가 갑자기 1년에 7~8센티미터 이상 자란다.

성조숙증 체크리스트(남아용)

1. 고환, 음낭, 음경이 커진다.

2. 목젖이 나오며 변성이 된다.

3. 어깨가 넓어진다.

4. 피지 분비가 왕성해지고, 여드름이 난다.

5. 정수리에서 냄새가 나기 시작한다.

6. 겨드랑이와 생식기 주변에 털이 난다.

7. 키가 갑자기 1년에 7~8센티미터 이상 자란다.

위의 증상 중 한두 개 정도 해당된다면 성조숙증을 의심해 보아야 하고 세 개 이상이면 전문의를 찾아 상담을 받는 게 좋습니다. 성조숙증 검사는 좌측 손을 엑스레이 촬영하여 뼈의 성숙도를 측정하고 15~30분 간격으로 2시간 동안 혈액을 채취해 황체화 호르몬, 난포 자극 호르몬의 농도를 확인합니다. 성조숙증 판정을 받은 경우 28일 또는 3개월 간격으로 성선자극 호르몬 분비 호르몬 유사체를 주사해 치료합니다.

성교육은 언제, 어떻게 시작할까

성교육을 언제 시작해야 되냐는 질문을 받을 때마다 제가 반드시 드리는 이야기가 있습니다. 적어도, 인터넷보다는 빨라야 한다는 것이지요. 요즘 친구들은 인터넷 사용에 매우 능숙합니다. 네이버, 구글 같은 검색 사이트를 비롯해 유튜브, 인스타그램, OTT 구독 서비스(넷플릭스, 쿠팡 플레이, 디즈니 플러스 등)를 통해 자신이 원하는 정보를 언제든지 취할 수 있지요. 또 부모님의 계정을 이용할 경우 뜻하지 않게 성인물에 노출되기도 합니다.

초등학교 1학년이던 한 남학생은 동생이 생기자 궁금한 마음에 인터넷에 '아기가 생기는 법'을 검색했고, 우연히 야한 동영상에 접속하고 말았습니다. 문제는 이러한 음란 동영상 노출이 한 번에 그친 것이 아니라 지속적으로 반복되었고, 등하교는 물론이고 수업 시간에도 몰래 영상을 보는 등 중독 증상까지 보이게 되었습니다. 여기에 동영상에 나오는 행동을 자신도 해보고 싶다는 충동까지 들었죠. 영상 중독은 물론이고 성에 대한 잘못된 인식에 사로잡혀 꽤 오랜 시간 치료를 받아야 했던 매우 안타까운 사례였습니다.

남 일로 치부할 수 없을 만큼 이런 일들은 우리 주위에서 흔히 일어나고 있습니다. 아이들이 유해한 영상에 노출되지 않고, 잘못된 성 인식을 갖지 않기 위해서는 부모님의 노력이 필요합니다. 아이의 휴대폰에는 되도록 유튜브를 설치하지 않고, 만약 설치했을 경우에는 부모님이 수시로 시청 기록을 점검하는 것이 좋습니다. 또 휴대폰 사용에 대한 규칙을 정할 때도 단순히 얼마나 보느냐가 아니라, 무엇을 보았는지를 중요하게 여겨야 합니다. 무분별한 인터넷 사용은 아이들을 무법지대에 세워두는 것과 다름없습니다. 우리 아이들이 유해 정보에 노출되지 않도록 잘 지켜내는 것이 그 무엇보다 필요한 지금입니다.

그렇다면 성교육은 어떻게 시작하는 게 좋을까요? 성교육 관련 애니메이션이나 뮤지컬, 역할극으로 접근할 수 있습니다. 초등학교 도서관에 가보면 Why 시리즈 『사춘기와 성』 책이 거의 너덜너덜할 정도입니다. 성에 대한 아이들의 관심이 어느 정도인지 짐작할 만하죠. 가정과 학교에서 배우지 않는 성에 대해 아이들은 그만큼 갈급함을 느끼고 있다는 뜻이기도 합니다. 그림책을 통해 성교육을 할 때 너무 감추거나 비유적으로 설명하는 그림은 피하는 게 좋습니다. 부모가 느끼기에는 너무 적나라한 그림이라고 생각할지 모르지만 전문가들은 솔직하게 드러내는 것이 낫다고 주장합니다. 독일에서 실제로 사용하는 초등학생용 성교육 교재에서는 성행위는 물론, 체위까지도 보여줍니다. 개인적으로 중학교 1학년 때 포르노로 배운 성교육보다 초등학교 1학년 때 솔직한 그림책으로 배운 성교육이 훨씬 낫다고 생각합니다.

저 역시 아이에게 그림책으로 성교육을 시작했습니다. 그러다 초등학교 4학년 때 성교육 전문가에게 그룹별 수업을 받게 했고, 중학교에 입학하고 나서 다시 한번 2차 교육을 받도록 했습니다. 큰아이의 경우 초경에 맞추어서 자궁 경부암 주사도 맞혔고요. 초등학교 1학년부터 중학생이 된 지금까지 일상 속에서 자연스럽게 성에 대해 이야기를 나눌 수 있도록 교육했습니다. 언젠가 한번은 아이가 엄마 아빠도 성관계를 했냐고 물어 당황하긴 했지만 태연하게 "부부가 되어서 성관계를 하는 건 자연스러운 일이야. 그렇기 때문에 너희들이 태어날 수도 있었지"라고 대답해 주었습니다. 인간이 가진 수많은 욕구 중에 성욕도 살아가는 데 중요한 요소이며 그로 인해 행복을 느끼고, 그 행복의 결과로 소중한 너희를 얻게 되었다고 말이죠.

이제는 더 이상 감추고 돌려 말하는 시대가 아니라고 생각합니다. 우리 아이들이 접할 수 있는 자극적인 성 문구는 너무나 많습니다. 학교에서도 이런 분위기에 맞추어 점점 더 솔직하게 성교육을 진행하고 있습니다. 가정에서도 성은 감추어야 하는 것, 어른이 되면 자연스럽게 알게 되는 것이라고 생각하기보다는 인간이라면 누구나 갖는 자연스러운 욕구의 일환으로 받아들이고 편안하게 이 야기해 주세요.

성교육은 임신, 출산, 피임만 다루는 'Sex Education'이 아니라 'Sexuality Education' 즉, 사회적인 성, 성폭력, 성 인권, 성 가치 관, 성에 대한 감정과 느낌, 생각과 기준, 사회구조와 사회적 이슈 등 성에 대한 모든 것을 배운다고 할 수 있습니다. 이것이 유네스 코에서 말하는 '포괄적 성교육'입니다.

 교육과정에 반영해야 하는 성교육 교육시수와 범위

| 성교육 | 성폭력 방지 및 피해자 보호 등에 관한 법률 제5조 (성폭력 예방 교육 등)

경기도교육청 성교육 진흥조례 제3조 (교육감의 책무) | 연간 20시간 이상 (디지털 성폭력 예방 교육 포함) | ※ 보건교사에 의해 실시된 성교육 시수는 보건교육 시수에 중복 포함 가능
- 국어: 배우자의 선택과 이성관
- 수학: 성관계와 임신의 책무성
- 사회: 성적 합리적 의사결정, 성에 대한 올바른 가치관, 성매매와 성 상품화의 실태, 원인, 대처법
- 과학: 생식기의 질병과 건강 관리
- 기술가정: 출산과 부모 되기 준비, 자녀 양육과 부모의 역할
- 체육: 건강과 체력 영역
- 도덕: 성과 사랑의 윤리, 자기 행동에 대한 책임 영역 등
- 음악: 표현의 자유와 음란물 |

영어 학습

"선생님, 저 영어 못해요"라고 말하며 울먹이는 현우를 보자 1학년 때 "저 한글 몰라요"라고 말했던 정연이가 떠올랐습니다. 시작도 하기 전에 친구들과 비교하며 자신은 영어를 못하는 사람이라고 규정해 버린 현우를 보니 너무나도 마음이 아팠습니다.

현재 우리나라 교육과정에 따르면 영어는 초등학교 3학년에 시작합니다. 하지만 이미 많은 아이들이 1, 2학년 때 영어를 배우다보니 현우는 자신이 이미 출발선에서 뒤처진 사람이라고 생각하게 된 것이지요. 다행히 현우는 수업을 마치고 보충수업을 통해 저와 영어를 공부했고, 2학기부터는 자신감을 갖고 재미나게 수업에 참여할 수 있었습니다.

영어는 언제 시작하는 게 좋을까

어떤 과목이든 마찬가지겠지만 영어는 특히 잘할수록 좋다고 생각합니다. 저 역시 영어로 인해 혜택을 많이 받았습니다. 국가에서 보내주는 해외 연수도 다녀왔고, 영어 심화 연수 파견 및 자격증 과정도 지원 받았기 때문이죠. 그렇다고 해서 너무 어린 시기에 스트레스를 주면서까지 공부를 시키라는 뜻은 아닙니다. 제가 생각하는 영어 노출의 적정 시기는 6~7세입니다. 이때는 학습이라기보다는 노래나 동화 등으로 재미나게 영어를 접할 수 있죠. 실제로 저도 아이들이 어릴 때 수시로 영어 동요를 틀어놓고, 잠들기 전에는 영어 동화책을 읽어주면서 아이들이 자연스럽게 영어와 친해지도록 이끌었습니다.

영어를 잘하기 위해서는 일상생활 속에서 영어가 노출되는 빈도를 늘리는 게 좋습니다. 그렇다고 무조건 영어 유치원에 보내는 것을 추천하는 건 아닙니다. 7세는 초등학교 입학에 필요한 것들을 배우는 시기라, 영어에만 집중하게 되면 놓치는 것들이 분명히 생기기 때문이죠. 또 초등학교 1, 2학년 정규과정에 영어가 없기 때문에 실컷 배운 영어를 까먹는 경우도 많습니다. 그렇다고 해서 초등학교 3학년까지 영어 학습을 미루는 것은 좋지 않습니다. 이에 대해서는 "초등학교 입학 전에 한글을 떼고 가야 하나요?"라는 질문과 비슷하게 생각해 주시면 되는데요. 아무리 선행학습을 지양하는 분위기라고 하지만 영어에 전혀 노출되지 않은 아이들이 초등학교 3학년 영어 교과서를 처음 본다면 도무지 따라가기 어려운 게 현실입니다.

초등학교 3학년 영어 수업 첫날의 풍경은 선생님이 아이들에게 영어를 얼마나 배웠는지 물어보고, 영어에 대한 관심사와 레벨 정도를 테스트합니다. 만약 알파벳조차 모르는 상태로 영어 수업을 받는다면 당연히 소외감을 느낄 수밖에 없지요. 유창하지는 않더라도 알파벳을 읽고 쓰는 것, 알파벳이 어떻게 소리나는지, 인사 같은 간단한 문장 등은 미리 공부하는 게 좋습니다.

그렇다면 아이들에게 영어를 어떻게 가르치는 게 효과적일까요? 요즘에는 영어 학습 관련된 책이나 동영상 강의가 아주 잘 나와 있어 학원을 보내지 않고도 기초적인 공부는 가정 내에서 충분히 시키실 수 있습니다.

저는 온오프라인 영어 교육 실현으로 교육부 장관상을 수상한 적이 있습니다. 우리나라 온라인 영어 교육은 세계에서 손꼽힐 정도로 우수한 수준을 자랑하는데요. 1년에 25만 원 정도의 비용으로 좋은 효과를 거둘 수 있는 영어 학습 사이트들(리딩게이트, 리틀팍스 등)이 많습니다. 듣기, 말하기, 읽기, 쓰기 모두 가능하고, 게임 형식으로 배울 수 있어 아이들도 흥미를 갖고 꾸준히 할 수 있지요. 1, 2학년 동안 이런 사이트들을 통해 영어 기초를 다지면 고학년이 되어서도 큰 어려움 없이 영어 과목에서 좋은 평가를 받을 수 있습니다.

2022 개정 교육과정
영어과 성취기준

2022 개정 교육과정으로 영어과 성취 기준이 달라집니다. 2015 교육과정에서 듣기, 말하기, 읽기, 쓰기로 구분되던 영역이 학년군별로 이해 열 개, 표현 열 개로 바뀌게 되며 2025학년도 3, 4학년이 해당 교육과정의 대상 아동이 됩니다.

 3~4학년군

이해
[4영01-01] 알파벳과 쉽고 간단한 단어의 소리를 듣고 식별한다. [4영01-02] 알파벳 대소문자를 식별하여 읽는다. [4영01-03] 쉽고 간단한 단어, 어구, 문장을 듣고 강세, 리듬, 억양을 식별한다. [4영01-04] 소리와 철자의 관계를 이해하며 쉽고 간단한 단어, 어구, 문장을 소리 내어 읽는다. [4영01-05] 쉽고 간단한 단어, 어구, 문장의 의미를 이해한다. [4영01-06] 자기 주변 주제에 관한 담화의 주요 정보를 파악한다. [4영01-07] 적절한 전략을 활용하여 담화나 문장을 듣거나 읽는다. [4영01-08] 다양한 매체로 표현된 담화나 문장을 흥미를 가지고 듣거나 읽는다. [4영01-09] 시, 노래, 이야기를 공감하며 듣는다. [4영01-10] 자기 주변 주제나 문화에 관한 담화나 문장을 존중의 태도로 듣거나 읽는다.

표현

[4영02-01] 쉽고 간단한 단어, 어구, 문장을 강세, 리듬, 억양에 맞게 따라 말한다.
[4영02-02] 알파벳 대소문자를 구별하여 쓴다.
[4영02-03] 소리와 철자의 관계를 바탕으로 쉽고 간단한 단어를 쓴다.
[4영02-04] 실물, 그림, 동작 등을 보고 쉽고 간단한 문장으로 말하거나 단어나 어구를 쓴다.
[4영02-05] 자신, 주변 사람이나 사물의 소개나 묘사를 쉽고 간단한 문장으로 말하거나 보고 쓴다.
[4영02-06] 행동 지시를 쉽고 간단한 문장으로 말하거나 보고 쓴다.
[4영02-07] 자신의 감정을 쉽고 간단한 문장으로 말하거나 보고 쓴다.
[4영02-08] 자기 주변 주제에 관한 담화의 주요 정보를 묻거나 답한다.
[4영02-09] 적절한 매체나 전략을 활용하여 창의적으로 의미를 표현한다.
[4영02-10] 의사소통 활동에 흥미와 자신감을 가지고 대화 예절을 지키며 참여한다.

 5~6학년군

이해

[6영01-01] 간단한 단어, 어구, 문장을 듣고 강세, 리듬, 억양을 식별한다.
[6영01-02] 간단한 단어, 어구, 문장을 강세, 리듬, 억양에 맞게 소리 내어 읽는다.
[6영01-03] 간단한 단어, 어구, 문장의 의미를 이해한다.
[6영01-04] 일상생활 주제에 관한 담화나 글의 세부 정보를 파악한다.
[6영01-05] 일상생활 주제에 관한 담화나 글의 중심 내용을 파악한다.
[6영01-06] 일상생활 주제에 관한 담화나 글에서 일이나 사건의 순서를 파악한다.
[6영01-07] 적절한 전략을 활용하여 일상생활 주제에 관한 담화나 글을 듣거나 읽는다.
[6영01-08] 다양한 매체로 표현된 담화나 글을 흥미와 자신감을 가지고 듣거나 읽는다.
[6영01-09] 시, 노래, 이야기를 공감하며 듣거나 읽는다.

[6영01-10] 일상생활 주제나 문화에 관한 담화나 글을 포용의 태도로 듣거나 읽는다.

표현
[6영02-01] 간단한 단어, 어구, 문장을 강세, 리듬, 억양에 맞게 말한다. [6영02-02] 실물, 그림, 동작 등을 보고 간단한 단어, 어구, 문장으로 말하거나 쓴다. [6영02-03] 알파벳 대소문자와 문장 부호를 문장에서 바르게 사용한다. [6영02-04] 주변 사람이나 사물을 간단한 문장으로 소개하거나 묘사한다. [6영02-05] 주변 장소나 위치, 행동 순서나 방법을 간단한 문장으로 설명한다. [6영02-06] 자신의 감정이나 의견, 경험이나 계획을 간단한 문장으로 표현한다. [6영02-07] 일상생활 주제에 관한 담화나 글의 세부 정보를 간단한 문장으로 묻거나 답한다. [6영02-08] 예시문을 참고하여 목적에 맞는 간단한 글을 쓴다. [6영02-09] 적절한 매체와 전략을 활용하여 창의적으로 의미를 생성하고 표현한다. [6영02-10] 의사소통 활동에 흥미와 자신감을 가지고 참여하여 협력적으로 수행한다.

다중언어 아이로 키우기

경기도교육청 지정 귀국 학생 특별 학급의 담임 교사를 4년간 맡은 적이 있습니다. 귀국 학생 특별 학급이란 부모님의 주재원 발령 또는 유학 등의 이유로 2년 이상 외국에서 거주하다가 한국에 돌아왔을 때 아이들이 원활하게 적응할 수 있도록 도와주는 학급입니다. 특별 학급에 배정되는 외국 거주 기간의 기준은 2년이지만 실제로 학급에 온 아이들의 평균 거주 기간은 4.5년이라, 대부분의 아이들이 한국어 사용이 서툴고 우리나라 문화에 적응하는데도 어려움을 겪게 됩니다. 또한 수학의 경우 교과 과정이 많이 달라 아이들이 힘들어하기도 합니다.

영어와 중국어를 사용할 수 있었던 저는 4년간 특별 학급의 담임 교사를 맡아 귀국 학생과 다문화 학생들을 지도했는데요. 이때 엄마와 아빠가 다른 언어를 사용하는 다문화 가정의 아이들을 볼 때마다 모국어를 두 개나 갖게 되어 참 좋겠다는 생각이 들고는 했습니다. 여러 문화권이 섞여 있는 유럽계 아이들의 경우 6개 국어를 하기도 합니다. 아빠와는 한국어, 엄마와는 독일어, 외할머니와는 스페인어 등 다양한 언어를 자유자재로 구사하는 아이들을 보며 언어는 환경의 영향을 참 많이 받는구나라고 실감할 수 있었습니다.

저는 유학을 다녀오지 않고 독학으로 영어를 공부했습니다. 중국어도 마찬가지입니다. 하지만 이렇게 외국어를 꾸준히 공부하다 보니 좋은 기회를 얻고, 그로부터 혜택도 받을 수 있었습니다. 앞서 말씀드린 귀국 학생 담임 교사를 비롯해 숙명여자대학교 테솔(TESOL) 교사 심화 연수 파견, 영국 문화원 운영을 위한 영국 및 중국 연수, 유네스코 학교 담당으로 다녀오게 된 일본 연수 등이 있지요. 제가 얻은 혜택이 많았기에 저는 아이들에게도 적극적으로 외국어를 가르치고 있습니다.

사실 우리나라는 단일민족으로 한국어 외에 다른 언어를 구사할 기회가 거의 없습니다. 따라서 현실적으로 우리나라에서 다중언어를 구사하는 건 어렵습니다. 다만 언어에 대해 거부감이 적은 유아와 초등 저학년까지는 동시에 두 가지 언어를 사용하는 게 가능합니다. 예를 들어 영어로 보았던 영화를 중국어로 다시 본다든가, 영어 동요를 일본어로 바꿔 듣는 것 등이죠.

상대적으로 학습에 대한 부담이 적고, 시간적 여유가 있는 초등학교 1학년에는 영어와 중국어 회화를 함께 배워도 좋습니다. 이런 기회를 통해 언어에 관심과 재미가 생긴 아이들은 다른 언어를 배우는 일에 크게 어려움을 느끼지 않게 됩니다. 초등학교 고학년이 되어서 일본 애니메이션 같은 다른 나라의 문화에 관심을 가져

그 나라의 언어를 독학하는 경우도 있지요.

    저 역시 처음 배운 언어는 영어였습니다. 그러다 다른 언어를 더 배우고 싶다는 욕심이 생겨 중국어를 공부하기 시작했습니다. 영어와 어순이 비슷하고 기본 한자를 알고 있어서인지 학습하는 데 큰 어려움은 없었습니다. 엄마가 중국어를 공부하는 모습을 보고 자라서인지 자연스럽게 저희 아이도 제2외국어를 중국어로 선택하였고요.

    돌이켜 생각해 보면 어렸을 때 중국 무협 영화를 좋아하시던 아버지의 영향이 컸던 것 같습니다. 아빠를 따라 중국 영화를 어깨 너머로 보며 자랐고, 해당 문화권에 대한 관심이 높아졌으며, 이는 언어를 배우고 싶은 욕망으로 이어졌죠.

    결론적으로 제가 드리고 싶은 말씀은 언어를 배우는 데 있어서 문법을 달달 외우는 게 아니라 일상 속 자연스러운 노출 기회를 통해 재미와 흥미를 갖고 접근할 수 있도록 이끌어달라는 것입니다. 단순히 영어 점수를 높이는 게 아니라, 영어라는 언어를 통해 새로운 문화를 알아가고, 이를 또 다른 성장의 발판으로 삼을 수 있기 때문이지요.

단단한 뿌리를 가진 아이로
키우기 위해

1학년 아이들의 학부모 공개 수업 날입니다. 연신 부모님을 향해 눈을 마주치고 손을 흔드는 아이를 보며 '이보다 더 사랑스러울 수 있을까?'라는 감정을 느낍니다. 잘하고 못하고가 아닌 내 아이에 초점이 맞추어진 이 순간이 너무나도 보기 좋습니다.

내 아이에서 눈이 벗어나 다른 아이들을 보는 순간, 좋다는 교육들이 눈에 들어옵니다. 내 아이가 다른 아이보다 더 잘해야 하니까요. 그러나 이 좋은 교육들을 따라가다 보면 끝이 없습니다. 물론 내 아이에게 좋은 교육을 시키고 싶어 하는 부모님들의 마음은 십분 이해합니다. 시중에 나와 있는 교육이 불필요하다는 이야기도 아닙니다. 문제는 다시 돌아오지 않을 소중한 초등학교 1학년에게 필요한 필수 교육, 즉 본질 교육을 놓치게 된다는 점입니다.

1학년은 선생님 말씀을 잘 듣고, 친구들과 사이좋게 놀고, 바른 자세로 학습 태도를 갖추며 학교에 적응하는 것이 가장 큰 목표입니다. 모든 교육 활동은 이 목표를 향해서 이루어져야 합니다. 1학년 때 학교 적응이 잘 되어야 2학년부터 제대로 된 '성장'을 할 수 있습니다. 계단식, 나선형으로 이루어진 우리나라 교육과정에서 전년도 과정이 잘 축적되어야 다음 학년의 내용도 착실하게 쌓아나갈 수 있기 때문입니다.

부모는 아이에게 뿌리와 날개를 주어야 한다고 생각합니다. 어느 곳에 있어도 흔들리지 않을 안정적인 뿌리와 세상을 향해 무한히 펼쳐나갈 날개를 주어야 하는 것이지요. 그런 의미에서 초등학교 1학년은 '뿌리를 튼튼히 해야 하는 때'입니다. 주변의 말에 휘둘려 정작 중요한 내 아이의 근간이 흔들려서는 안됩니다.

책을 마무리하는 동안 저는 세상이 무너지는 경험을 했습니다. 저에게 너무나 소중한 아버지께서 하늘의 부르심을 받으셨거든요. 가슴이 먹먹하고 그립다는 말의 뜻을 온몸으로 느끼며 아버지를 추억해 보니 초등학교 1학년 때 아버지께 책상 펴놓고 산수를 배웠던 그 순간이 떠올랐습니다. 덧셈과 뺄셈이 왜 필요한지, 잠시 교과서를 덮고 동전과 지폐를 놓고 가르쳐주셨던 아버지의 모습이 눈에 선합니다.

저는 저의 아이들에게 어떤 부모로 남을지를 생각해 보았습니다. 나는 무엇을 남겨주고 싶은지 말이지요. 그리고 결론을 내렸습니다. 세상을 살아가는 데 꼭 필요한 '본질'을 가르쳐주어야겠다고 말입니다. 제가 생각하는 본질은 나와 다른 사람을 소중히 여기는 마음, 배우고자 하는 자세, 하고 싶은 게 있고 도전하려는 의지, 실패해도 다시 일어날 수 있는 태도입니다. 시간이 지날수록 안정된 기본과 본질을 갖춘 아이가 더욱 단단해진다는 걸 저는 굳게 믿고 있습니다. 아이에 대한 사랑과 지지, 관용과 배려로 가족이 함께 즐거운 경험과 추억을 많이 쌓을 수 있는 초등학교 1학년이 되기를 진심으로 기원합니다.

책 속 부록

1학년 1학기 국어 교과서 실린 작품

	실린 단원(쪽)	책 제목	지은이	출판사
<국어 가>				
1	한글 놀이(96~97쪽)	숨바꼭질 ㅏㅑㅓㅕ	김재영	현북스
2	한글 놀이(124~125쪽)	노란 우산	류재수	보림출판사
3	1단원(154쪽)	나무야 누워서 자거라	강소천	예림당
4	2단원(207쪽)	감자꽃	권태응	창비
<국어 나>				
5	3단원(226쪽)	최승호 시인의 말놀이 동시집 1	최승호	비룡소
6	3단원(236~239쪽)	구름 놀이	한태희	아이세움
7	4단원(264~266쪽)	맛있는 건 맛있어	김양미	시공주니어
8	4단원(274~277쪽)	학교 가는 길	이보나 흐미엘레프스카	논장
9	5단원(297쪽)	모두모두 안녕!	윤여림	웅진주니어
10	5단원(306~307쪽)	우리는 분명 연결된 거다	최명란	창비
11	6단원(346~348쪽)	꽃에서 나온 코끼리	황K(케이)	책읽는곰
12	7단원(380~383쪽)	도서관 고양이	최지혜	한울림어린이
13	7단원(390쪽)	모두 모두 한집에 살아요	마리안느뒤비크	고래뱃속

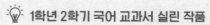

1학년 2학기 국어 교과서 실린 작품

	실린 단원(쪽)	책 제목	지은이	출판사
<국어 가>				
1	1단원(7쪽)	가시 소년	하완	천개의바람
2	1단원(14~17쪽)	내 마음을 보여 줄까?	윤진현	웅진주니어
3	1단원(24쪽)	화내지 말고 예쁘게 말해요	안미연	상상스쿨
4	2단원(50~59쪽)	대단한 참외씨	임수정	한울림어린이
5	2단원(65~70쪽)	다니엘의 멋진 날	미카 아처	비룡소
<국어 나>				
6	5단원(154~165쪽)	그래, 이 책이야!	레인 스미스	문학동네
7	6단원(186쪽)	나는 나는 1학년	신형건	끝없는이야기
8	6단원(194~205쪽)	괜찮아 아저씨	김경희	비룡소
9	6단원(211쪽)	아주 무서운 날	탕무니우	찰리북
10	7단원(224~228쪽)	진짜 일 학년 책가방을 지켜라	신순재	천개의바람
11	8단원(242~244쪽)	마음이 그랬어	박진아	노란돼지
12	8단원(246~247쪽)	낭송하고 싶은 우리 동시	전병호	좋은꿈
13	8단원(250~257쪽)	브로콜리지만 사랑받고 싶어	별다름 달다름	키다리
14	8단원(264~271쪽)	인사	김성미	책읽는곰
15	8단원(276쪽)	짝 바꾸는 날	이일숙	도토리숲

김선 선생님이 추천하는 1학년 권장 도서

		제목	지은이	출판사
1		책 먹는 여우	프란치스카 비어만	주니어 김영사
2		알사탕	백희나	책 읽는 곰
3		돼지책	앤서니 브라운	웅진 주니어
4		솔이의 추석 이야기	이억배	길벗어린이
5		나는 나의 주인	채인선	토토북
6		나쁜 어린이 표	황선미	이마주
7		강아지똥	권정생	길벗어린이
8		지각대장 존	존 버닝햄	비룡소
9		마법사 똥맨	송언	창비
10		팥죽 할멈과 호랑이	백희나, 박윤규	시공주니어
11		'7년 동안의 잠	박완서	어린이작가정신
12		화요일의 두꺼비	러셀 에릭슨	사계절
13		다다다 다른 별 학교	윤진현	천개의 바람
14		엄마가 화났다	최숙희	책읽는곰

출처: 「현직 교사가 알려주는 심리 도서 50」, 김선 지음, 더디퍼런스

21년 차 현직 교사가 알려주는 현실적인 초등 입학 준비

우리 아이가 처음 학교에 갑니다

초판 1쇄 발행 | 2024년 12월 4일

지은이 | 김선
펴낸이 | 김선준

편집이사 | 서선행
책임편집 | 임나리(lily@forestbooks.co.kr)   편집1팀 | 이주영
디자인 | 김예은
마케팅팀 | 권두리, 이진규, 신동빈
홍보팀 | 조아란, 장태수, 이은정, 권희, 유준상, 박미정, 이건희, 박지훈
경영지원 | 송현주, 권송이, 정수연

펴낸곳 | ㈜콘텐츠그룹 포레스트   출판등록 | 2021년 4월 16일 제2021-000079호
주소 | 서울시 영등포구 여의대로 108 파크원타워1 28층
전화 | 02) 332-5855   팩스 | 070) 4170-4865
홈페이지 | www.forestbooks.co.kr
종이 | ㈜월드페이퍼   출력·인쇄·후가공 | 더블비   제본 | 책공감

ISBN | 979-11-93506-96-7 (03590)

㈜콘텐츠그룹 포레스트는 독자 여러분의 책에 관한 아이디어와 원고 투고를 기다리고 있습니다. 책 출간을 원하시는 분은 이메일 writer@forestbooks.co.kr로 간단한 개요와 취지, 연락처 등을 보내주세요. '독자의 꿈이 이뤄지는 숲, 포레스트'에서 작가의 꿈을 이루세요.